Ergebnisse der Mathematik und ihrer Grenzgebiete

Band 67

Claude Dellacherie

Capacités et processus stochastiques

Springer-Verlag Berlin Heidelberg New York
1972

Claude Dellacherie

Université de Strasbourg
Institut de Mathématique

AMS Subject Classifications (1970):

Primary 28 A 05, 28 A 10, 60 G 05, 60 G 40, 60 G 45
Secondary 60 H 05, 60 J 40

ISBN 3-540-05676-9 Springer-Verlag Berlin Heidelberg NewYork
ISBN 0-387-05676-9 Springer-Verlag NewYork Heidelberg Berlin

A mes parents et à mes frères

Table des matières

Introduction

Ce livre comporte deux sections différentes, intitulées «théorie de l'approximation par en dessous» (chapitre I et II) et «théorie générale des processus» (chapitres III à VI). Elles ont en commun l'utilisation de théorèmes de capacitabilité.

Le lecteur intéressé uniquement par les fondements de la théorie générale des processus peut aborder directement la lecture des chapitres III, IV et V à condition d'admettre les résultats du chapitre I se trouvant sous la rubrique «applications à la théorie de la mesure». Cependant, la lecture du chapitre VI nécessite une bonne connaissance du paragraphe 1 du chapitre II.

Chaque chapitre (sauf le chapitre III) est précédé d'une introduction, et chaque section est complétée par quelques commentaires d'ordre historique et bibliographique (sans doute incomplets et entachés d'inexactitudes). Aussi nous bornerons nous ici à une description sommaire du contenu.

On peut résumer grossièrement les problèmes abordés dans la première section sous la forme suivante: un «gros» borélien contient-il un «gros» compact? Dans le chapitre I, on introduit le langage et on établit des théorèmes «classiques» de capacitabilité, tandis que le chapitre II est consacré à des résultats plus fins que nous avons tenté d'organiser sous la forme d'une étude axiomatique de la structure de classes d'ensembles «exceptionnels». La présentation de ces théorèmes est nouvelle: on les établit par la méthode des «rabotages de Sierpinski» qui repose sur des idées simples et qui n'exige pas l'usage de la théorie des ensembles analytiques. L'ensemble de cette section est présenté dans un contexte très général et illustré d'exemples, anticipant parfois sur des développements de la deuxième section, afin de constituer un tout relativement autonome. Pour obtenir d'emblée les théorèmes dans toute leur puissance, il a été nécessaire d'introduire des concepts abstraits qui rendent pénible la première lecture: aussi conseillons nous au lecteur de se limiter, dans un premier temps, au «cas topologique». Enfin, pour abréger le langage, nous avons introduit un certain nombre de néologismes:

loin de nous la prétention de les imposer à la communauté des mathématiciens!

La seconde section est consacrée à la théorie générale des processus proprement dite. Encore faut-il s'entendre sur l'acception du mot «général». Nous nous intéressons exclusivement aux processus stochastiques indexés par $\mathbb{R}_+$ et les concepts que nous étudions font intervenir de manière essentielle la structure topologique et surtout la structure d'ordre total de $\mathbb{R}_+$: disons, pour fixer les idées, que tout tourne autour de la notion fondamentale de temps d'arrêt. L'ossature de la théorie est constituée par la classification des temps d'arrêt (chapitre III), les théorèmes de section d'ensembles par des graphes de temps d'arrêt (chapitre IV) et les théorèmes de projection des processus (chapitre V). Enfin on étudie au chapitre VI la structure fine des ensembles aléatoires. Cette seconde section est une mise en forme de résultats obtenus à Strasbourg entre les années 1965 et 1970 (et de résultats plus anciens dus à Chung, Doob, Dynkin etc); c'est aussi une mise à jour du chapitre VIII du livre [31] de P. A. Meyer (dont nous avons adopté la présentation). Elle a été rédigée en espérant qu'elle puisse servir de référence pour les développements ultérieurs de la théorie, ainsi que pour ses applications à la théorie des martingales et des intégrales stochastiques, et à la théorie des processus de Markov; on ne trouvera cependant aucun développement relatif à ces deux théories.

Chaque chapitre, numéroté en chiffres romains, a fait l'objet d'un double système de références. Le premier consiste en un découpage en paragraphes, numérotés en chiffres arabes, eux-mêmes divisés par des rubriques écrites en caractères gras: ce sont ces références que l'on trouve dans la table des matières. D'autre part, chaque définition, énoncé, remarque ... auquel on renvoie à l'intérieur du texte, a été numéroté en chiffres arabes gras, en début de ligne; le numérotage est continu le long d'un même chapitre. Ces numéros sont précédés de la lettre «D» (resp «T») s'il s'agit d'une définition (resp d'un théorème). Ainsi, lorsque le texte renvoie à II-7 (resp IV-T10), il s'agit du no 7 du chapitre II (resp du théorème no 10 du chapitre IV), etc. Lorsque le renvoi a lieu dans le même chapitre, le numéro du chapitre a été omis: ainsi, dans le chapitre II, un renvoi à D1 reporte à la définition no 1 de ce chapitre.

Voici quelques précisions sur les notations et la terminologie que nous avons adoptées

1) l'ensemble $\mathbb{N}$ des entiers admet 1 pour plus petit élément;

2) *opérations ensemblistes*: le complémentaire d'un sous-ensemble A est noté A^c; la différence $A \cap B^c$ de deux sous-ensembles A et B est notée $A - B$;

3) *stabilité d'ensembles*: pour abréger le langage, nous avons adopté une écriture compacte pour noter la stabilité d'un ensemble de parties $\mathscr{E}$ pour certaines opérations ensemblistes. Deux exemples suffiront pour éclairer cette notation. L'expression «$\mathscr{E}$ est stable pour $(\cup f, \cap f)$» signifie que toute réunion finie (*f*) et toute intersection finie d'éléments de $\mathscr{E}$ appartient à $\mathscr{E}$, tandis que l'expression «$\mathscr{E}$ est stable pour $(\cup md, \cap d)$» signifie que la réunion d'une suite (*d*) monotone (*m*) d'éléments de $\mathscr{E}$ et l'intersection d'une suite d'éléments de $\mathscr{E}$ appartient à $\mathscr{E}$. L'ensemble stabilisé d'un ensemble de parties $\mathscr{E}$ pour $(\cup d)$ (resp $(\cap d)$) est noté, suivant l'usage, $\mathscr{E}_\sigma$ (resp $\mathscr{E}_\delta$). On pose $(\mathscr{E}_\sigma)_\delta = \mathscr{E}_{\sigma\delta}$;

4) *notations latticielles*: Si *f* et *g* sont deux fonctions numériques, $f \vee g$ (resp $f \wedge g$) désigne l'enveloppe supérieure (resp inférieure) de *f* et *g*. Les notations f^+ et f^- sont classiques: $f^+ = f \vee 0$, $f^- = (-f) \vee 0$;

5) *théorie de la mesure*: Nous avons supposé les lecteur familier avec la théorie de la mesure, ses notations et son vocabulaire. Un espace topologique est, sauf mention du contraire, muni de sa tribu borélienne. Le produit de deux tribus $\mathscr{F}$ et $\mathscr{G}$ est noté $\mathscr{F} \overset{\wedge}{\otimes} \mathscr{G}$ pour des raisons exposées au début du chapitre I. Si $(\mathscr{F}_i)$ est une famille de tribus, l'intersection est notée $\bigcap_i \mathscr{F}_i$ tandis que la tribu engendrée par les $\mathscr{F}_i$ est notée $\bigvee_i \mathscr{F}_i$. Sauf indication du contraire, le mot «mesure» désigne une mesure positive bornée. Si μ est une mesure et *f* une fonction μ-integrable, l'intégrale de *f* par rapport à μ a été notée, suivant les cas, $\int f \, d\mu$ ou $\mu(f)$, ou encore $E[f]$ si μ est une mesure de probabilité, l'espérance conditionnelle par rapport à une sous-tribu $\mathscr{G}$ étant notée $E[f \mid \mathscr{G}]$;

6) nous avons désigné par I_A l'indicatrice d'un ensemble A, par $\mathscr{B}(E)$ la tribu borélienne d'un espace topologique E, et par $\mathscr{T}(X_i, i \in I)$ la tribu engendrée par une famille de v.a. $(X_i)_{i \in I}$;

7) enfin, nous avons sysématiquement fait usage de notations du type «μ-mesurable» (par ex.: $\mathscr{C}$-rabotage, $\mathscr{E}$-capacité, etc), et nous avons souvent omis le «préfixe» lorsqu'aucune ambiguïté n'était possible.

Enfin, je tiens à remercier tous ceux qui m'ont aidé à préparer ce livre. Mes collègues strasbourgeois qui ont subi l'épreuve d'un cours de mise au point: P. Assouad, J. Bretagnolle, C. Doléans, O. Gebührer, N. Kazamaki, B. Maisonneuve, P. Morando, J. S. Traynor, J. B. Walsh et M. Weil, ainsi que le groupe probabiliste de l'Université de Pavie animé par N. Pintacuda. Mais surtout mon bon maître P. A. Meyer qui a lu en détail une bonne partie du manuscrit, et sans le soutien duquel ce livre ne serait jamais paru.

Chapitre I

Capacités et rabotages

Soit μ une mesure sur $\mathbb{R}^n$. Il est bien connu que μ est intérieurement régulière, c'est à dire que l'on a pour tout borélien B

$$\mu(B) = \sup \mu(K) \quad K \text{ compact inclus dans } B.$$

Il est naturel de rechercher quelles propriétés de la mesure entrainent cette possibilité d'approximation par en dessous. Motivé en particulier par l'étude de la capacité newtonienne, Choquet établit dans [4] que les propriétés d'additivité ne jouent aucun rôle et que les propriétés déterminantes sont celles de monotonie et de continuité séquentielle.

Appelons capacité une application I définie sur les parties de $\mathbb{R}^n$, à valeurs dans $\overline{\overline{\mathbb{R}}}$, et vérifiant les propriétés suivantes:

  a) I est monotone croissante: si A est inclus dans B, $I(A) \leqq I(B)$,
  b) I «monte»: si (A_n) est une suite croissante, $I(\cup A_n) = \sup I(A_n)$,
  c) I «descend» sur les compacts: si (K_n) est une suite décroissante de compacts, $I(\cap K_n) = \inf I(K_n)$.

Le théorème de capacitabilité de Choquet permet alors d'affirmer que, pour tout borélien B,

$$I(B) = \sup I(K) \quad K \text{ compact inclus dans } B.$$

Ce théorème fournit un outil puissant à la théorie du potentiel et des processus de Markov, dans laquelle apparaissent de nombreux exemples de capacités. Mais il joue aussi un rôle fondamental en théorie générale des processus: c'est sur lui que reposent la démonstration de la mesurabilité des débuts d'ensembles aléatoires et celle des théorèmes de section.

Rappelons qu'une partie de $\mathbb{R}^n$ est dite analytique si elle est la projection sur $\mathbb{R}^n$ de l'intersection d'une suite d'ouverts de $\mathbb{R}^{n+1}$. On montre que l'ensemble des parties analytiques de $\mathbb{R}^n$ est strictement plus grand que l'ensemble des parties boréliennes de $\mathbb{R}^n$. La démonstration du théorème de capacitabilité donnée par Choquet repose sur la théorie des ensembles analytiques: il établit le théorème d'approximation pour ces ensembles, et obtient ainsi d'une manière indirecte la capacitabilité des ensembles boréliens.

La méthode d'approche du théorème de Choquet que nous présentons ici est tout à fait différente[1]. Elle permet de démontrer directement la capacitabilité des ensembles boréliens, en faisant l'économie de la théorie des ensembles analytiques, et, une fois dépassée la difficulté des premières définitions, on s'aperçoit qu'elle est extrêmement naturelle. Aussi tenterons nous de montrer comment les techniques utilisées s'introduisent dans l'étude de l'approximation par en dessous. Soit I une capacité et désignons par B un borélien relativement compact. Nous devons montrer que, si $I(B) > t$ pour un réel t, alors B contient un compact K tel que $I(K) \geqq t$. Le nombre t étant fixé, supposons construite par récurrence une suite d'ensembles (B_n) vérifiant les conditions suivantes:

α) $B_1 = B$ et $B_{n+1} = f_n(B_1, B_2, \ldots, B_n)$ est inclus dans B_n,

β) $I(B_n) > t$ pour chaque n,

γ) l'ensemble $\bigcap\limits_n \overline{B}_n$ est contenu dans B.

D'après la définition d'une capacité, $I(\cap \overline{B}_n) = \inf I(\overline{B}_n) \geqq t$: il suffit donc de poser $K = \cap \overline{B}_n$. La construction par récurrence de la suite (B_n) nous amène à introduire des opérateurs de réduction d'ensembles (les f_n de α)), tels que la réduction opérée ne soit pas trop importante (cf β)), mais néanmoins suffisante, pour «qu'à la limite» l'ensemble $\overline{B}_n$ soit contenu dans l'ensemble B (cf γ)). Ce sont ces opérateurs de réduction que nous étudierons au paragraphe 2 sous le nom de rabotages de Sierpinski. Le théorème de capacitabilité est établi au paragraphe 3, qui contient aussi des applications de ce théorème utilisées en théorie des processus stochastiques.

Enfin, nous allons aborder les problèmes d'approximation par en dessous dans un cadre abstrait. Le paragraphe 1 est consacré à la présentation du vocabulaire destiné à remplacer celui de la topologie.

1. Espaces pavés

Généralités

Les concepts introduits ici ont une grande analogie avec ceux de la théorie des espaces mesurables abstraits: la différence essentielle réside dans l'absence de l'emploi de l'opération «complémentaire» (absence liée à celle de l'additivité dans la définition d'une capacité). D'autre part,

---

[1] Nous avons traité aussi les problèmes d'approximation par en dessous par les méthodes «classiques» dans les appendices des chapitres I et II.

nous n'avons pas cherché à développer le langage des espaces pavés, nous bornant à exposer le minimum requis pour la suite.

1 Soit E un ensemble. Un *pavage*[2] sur E est un ensemble $\mathscr{E}$ de parties de E contenant la partie vide et stable pour $(\cup f, \cap f)$. Le couple $(E, \mathscr{E})$ est appelé *espace pavé*. Si $\mathscr{A}$ est un ensemble de parties de E, on appelle *pavage engendré* par $\mathscr{A}$ le plus petit pavage sur E contenant $\mathscr{A}$. Soient $(E, \mathscr{E})$ et $(F, \mathscr{F})$ deux espaces pavés. On appelle *pavage produit* de $\mathscr{E}$ et de $\mathscr{F}$ le pavage sur $E \times F$ constitué par les réunions finies d'ensembles de la forme $U \times V$, où U (resp V) appartient à $\mathscr{E}$ (resp $\mathscr{F}$). Ce pavage est noté $\mathscr{E} \otimes \mathscr{F}$ [3].

2 Un ensemble de parties d'un ensemble E est appelé une *mosaïque* s'il contient la partie vide et s'il est stable pour $(\cup d, \cap d)$. Si $\mathscr{E}$ est un pavage sur E, on appelle *mosaïque engendrée* par $\mathscr{E}$ la plus petite mosaïque sur E contenant $\mathscr{E}$: elle est notée $\overset{\wedge}{\mathscr{E}}$, tandis que la mosaïque engendrée par un pavage produit $\mathscr{E} \otimes \mathscr{F}$ est notée $\mathscr{E} \overset{\wedge}{\otimes} \mathscr{F}$. Lorsque le complémentaire d'un élément du pavage $\mathscr{E}$ appartient à $\overset{\wedge}{\mathscr{E}}$, la mosaïque engendrée par $\mathscr{E}$ coïncide avec la tribu engendrée par $\mathscr{E}$: c'est le cas lorsque E est un espace localement compact à base dénombrable, muni du pavage $\mathscr{E}$ formé par ses parties compactes.

Les deux propositions suivantes sont analogues à deux théorèmes classiques de la théorie des espaces mesurables. Nous ne les démontrons pas (cf Halmos [16]-I-5, 6).

T3 *Théorème* (des classes monotones).— *Soit* $(E, \mathscr{E})$ *un espace pavé. La mosaïque engendrée par* $\mathscr{E}$ *est encore le plus petit ensemble de parties de* E *contenant* $\mathscr{E}$ *et stable pour* $(\cup md, \cap md)$.

T4 *Théorème.— Soit* $(E, \mathscr{E})$ *un espace pavé. Tout élément de* $\overset{\wedge}{\mathscr{E}}$ *appartient à la mosaïque engendrée par un sous-pavage dénombrable de* $\mathscr{E}$.

Pavages compacts

5 Soient E un ensemble et $\mathscr{A}$ un ensemble de parties de E. Nous dirons que $\mathscr{A}$ est une *classe compacte* si toute famille dénombrable d'éléments de $\mathscr{A}$ ayant une intersection vide possède une sous-famille finie ayant une intersection vide. Pour un pavage, on peut encore énoncer la définition de la manière suivante, étant donnée la stabilité pour $(\cap f)$.

---

[2] Notre définition est plus restrictive que celle de Meyer [31].

[3] D'après le no 2, la tribu produit de deux tribus $\mathscr{E}$ et $\mathscr{F}$ coïncide avec la mosaïque engendrée par le pavage produit de $\mathscr{E}$ et de $\mathscr{F}$. Elle sera donc notée $\mathscr{E} \overset{\wedge}{\otimes} \mathscr{F}$: il n'y aura pas de confusion possible avec le pavage produit noté $\mathscr{E} \otimes \mathscr{F}$.

D6 *Définition.— Un pavage $\mathscr{E}$ est dit* compact[4] *si toute suite décroissante d'éléments non vides de $\mathscr{E}$ a une intersection non vide.*

Par exemple, dans un espace topologique séparé, les parties compactes forment un pavage compact.

Le stabilisé d'un pavage compact pour $(\cap d)$ est encore compact. On peut montrer aussi que le pavage engendré par une classe compacte est compact (cf Meyer [31]-III-T4): il en résulte que le pavage produit de deux pavages compacts est compact. Cette propriété ne sera pas utilisée par la suite.

Le théorème suivant énonce une autre propriété importante des pavages compacts que nous utiliserons souvent.

T7 *Théorème.— Soient K et E deux ensembles et désignons par π la projection de $K \times E$ sur E. Soit d'autre part $\mathscr{H}$ un pavage sur $K \times E$ tel que, pour tout $x \in E$, l'ensemble $\mathscr{H}^x$ de parties de K formé par les coupes des éléments de $\mathscr{H}$ suivant x soit un pavage compact sur K. Alors, si (H_n) est une suite décroissante d'éléments du pavage $\mathscr{H}_\delta$, on a*

$$\pi\left(\bigcap_n H_n\right) = \bigcap_n \pi(H_n).$$

Démonstration.— Il suffit de montrer que si x appartient à $\cap \, \pi(H_n)$, il existe un y appartenant à $\cap \, H_n$ tel que $x = \pi(y)$. Et alors cela résulte du fait que les coupes $H_n(x)$ des ensembles H_n suivant x forment une suite décroissante d'éléments non vides du pavage compact $\mathscr{H}_\delta^x$. ☐

Enveloppes

D8 *Définition.— Soit $(E, \mathscr{E})$ un espace pavé. On dit qu'une partie A de E est une $\mathscr{E}$-enveloppe d'une suite décroissante (A_n) de parties de E s'il existe une suite décroissante (B_n) d'éléments de $\mathscr{E} \cup \{E\}$ satisfaisant aux deux conditions suivantes*

a) *B_n contient A_n pour tout entier n,*

b) *$\bigcap_n B_n$ est contenu dans A.*

9 *Remarque.— Nous ajoutons E au pavage $\mathscr{E}$ pour simplifier: on pourrait se contenter de définir les enveloppes des suites décroissantes (A_n) telles que A_1 soit contenu dans un élément de $\mathscr{E}$. D'autre part, on peut montrer aisément que le pavage obtenu en stabilisant $\mathscr{E}$ pour $(\cap d)$, i.e. $\mathscr{E}_\delta$, définit la même notion d'enveloppe que $\mathscr{E}$.*

Voici deux exemples de situation où la notion d'enveloppe prend une forme plus simple.

---

[4] Il serait plus correct de dire «semi-compact» comme dans Meyer [31].

10 *Exemple.*— Prenons pour E un espace topologique séparé et pour $\mathscr{E}$ le pavage constitué par les parties fermées. Il est clair qu'un ensemble A est une $\mathscr{E}$-enveloppe d'une suite décroissante (A_n) si et seulement si A contient $\bigcap_n \overline{A}_n$.

Le second exemple est une version abstraite du précédent.

11 *Exemple.*— Soit $(E, \mathscr{E})$ un espace pavé. Pour toute partie A de E, soit

$$\mathscr{A} = \{B \in \mathscr{E} \cup \{E\} \colon B \supset A\}$$

et supposons que $\bigcap_{B \in \mathscr{A}} B$ appartienne à $\mathscr{E}_\delta \cup \{E\}$ pour toute partie A (ce qui est certainement le cas si $\mathscr{E}$ est dénombrable). Dans ces conditions, nous noterons $\overline{A}$ l'ensemble $\bigcap_{B \in \mathscr{A}} B$ et nous l'appellerons l'*adhérence* de A (relative à $\mathscr{E}$). Alors, comme ci-dessus, un ensemble A est une $\mathscr{E}$-enveloppe d'une suite décroissante (A_n) si et seulement si A contient $\bigcap_n \overline{A}_n$. La nécessité est évidente; démontrons la suffisance. Pour n fixé, soit $(B_n^k)_{k \in \mathbb{N}}$ une suite décroissante d'éléments de $\mathscr{E} \cup \{E\}$ telle que $\overline{A}_n = \bigcap_k B_n^k$ et posons

$$C_n = B_n^1 \cap B_n^2 \cap \cdots \cap B_n^n.$$

On définit ainsi une suite décroissante (C_n) d'éléments de $\mathscr{E} \cup \{E\}$ telle que C_n contienne $\overline{A}_n$ pour chaque n et que l'on ait $\bigcap_n C_n = \bigcap_n \overline{A}_n$. Il est alors clair que A est une enveloppe de (A_n) si A contient $\bigcap_n \overline{A}_n$.

Dans la proposition suivante, nous avons recensé les propriétés des enveloppes que nous utiliserons par la suite.

T12 *Théorème.*— a) *Si A est une enveloppe de la suite décroissante (A_n), toute partie de E contenant A est aussi une enveloppe de (A_n).*

b) *Deux suites décroissantes de parties de E ayant une sous-suite en commun admettent les mêmes enveloppes.*

c) *L'ensemble des enveloppes d'une suite décroissante de parties de E est stable pour $(\cap d)$.*

Démonstration.— Seul le point c) n'est pas évident, mais sa démonstration est analogue à celle du no 11. Soit en effet (A^k), une suite d'enveloppes de la suite décroissante (A_n) et, pour chaque k, soit (B_n^k) une suite décroissante d'éléments de $\mathscr{E} \cup \{E\}$ telle que A_n soit contenu dans B_n^k pour chaque n et que A^k contienne $\bigcap_n B_n^k$. Posons pour chaque n

$$C_n = B_n^1 \cap B_n^2 \cap \cdots \cap B_n^n.$$

On définit ainsi une suite décroissante (C_n) d'éléments de $\mathscr{E} \cup \{E\}$ telle que C_n contienne A_n pour chaque n et que $\bigcap_k A^k$ contienne

$$\bigcap_n C_n = \bigcap_{k,n} B_n^k:$$

donc $\bigcap_k A^k$ est une enveloppe de la suite (A_n). ☐

2. Rabotages

Dans ce paragraphe, nous désignons par $(E, \mathscr{E})$ un espace pavé fixé. Après avoir défini les notions de capacitance et de rabotage, nous distinguerons un ensemble de parties de E — dites lisses — remarquables quant à leurs propriétés d'approximation par en dessous. Le théorème fondamental de ce paragraphe énonce des propriétés de stabilité de cet ensemble: il en résultera que la mosaïque engendrée par le pavage $\mathscr{E}$ est formée de parties lisses.

Capacitances

D13 *Définition.— Un ensemble $\mathscr{C}$ de parties de E est une* capacitance *si les conditions suivantes sont satisfaites*
   a) *Si A appartient à $\mathscr{C}$, et si B contient A, alors B appartient à $\mathscr{C}$,*
   b) *Si (A_n) est une suite croissante de parties de E, et si sa réunion $\bigcup_n A_n$*
appartient à $\mathscr{C}$, alors il existe un entier k tel que A_k appartienne à $\mathscr{C}$.

Une capacitance est, intuitivement, une classe de «gros ensembles». L'ensemble des parties de E forme évidemment une capacitance. Voici quelques exemples intéressants de capacitances; nous en verrons d'autres par la suite.

14 *Exemples.—* 1) L'ensemble des parties non vides de E est une capacitance.

2) L'ensemble des parties non dénombrables de E est une capacitance.

3) Soit I une fonction de $\mathfrak{P}(E)$ dans $\overline{\mathbb{R}}$ possédant les propriétés suivantes:
   — I est croissante: si A est contenu dans B, $I(A) \leqq I(B)$,
   — I «monte»: si (A_n) est une suite croissante, $I(\cup A_n) = \sup I(A_n)$.
Une telle fonction sera appelée une *précapacité*. Pour tout $a \in \mathbb{R}$, l'ensemble des parties A de E telles que $I(A) > a$ est une capacitance. Réciproquement, on peut associer une précapacité à toute capacitance $\mathscr{C}$: il suffit de poser $I(A) = 1$ si $A \in \mathscr{C}$ et $I(A) = 0$ si $A \notin \mathscr{C}$. Alors $\mathscr{C} = \{A : I(A) > 0\}$.

On peut aussi caractériser une capacitance par son complémentaire dans l'ensemble des parties de E: c'est un ensemble de parties héréditaire et stable pour $(\cup md)$.

Dans ce paragraphe, on se donne une fois pour toutes une capacitance $\mathscr{C}$ sur E. Les notions que nous allons définir maintenant sont relatives à $\mathscr{C}$.

Rabotages

D15 *Définition.*— Un $\mathscr{C}$-rabotage de Sierpinski *est une suite* $F = (f_n)_{n \geq 1}$ *d'applications* $f_n : [\mathfrak{P}(E)]^n \to \mathfrak{P}(E)$ *vérifiant les conditions suivantes*

a) $f_n(P_1, P_2, \ldots, P_n) \subset P_n$ *quels que soient* $n, P_1, P_2, \ldots, P_n$,

b) *si* P_n *appartient à* $\mathscr{C}$, *alors* $f_n(P_1, P_2, \ldots, P_n)$ *appartient à* $\mathscr{C}$.

La propriété a) exprime que l'on «rabote» P_n, la propriété b) que l'on «n'enlève pas de trop gros copeaux» à P_n.

16 L'exemple le plus simple de rabotage est le *rabotage identique,* où

$$f_n(P_1, \ldots, P_n) = P_n \text{ quels que soient } n, P_1, \ldots, P_n.$$

Nous construirons par la suite d'autres rabotages à l'aide de ce dernier.

D17 *Définition.*— Soit $F = (f_n)$ *un rabotage. Une suite* $(P_n)_{n \geq 1}$ *de parties de* E *est dite* F-*rabotée si*

a) $P_{n+1} \subset f_n(P_1, \ldots, P_n)$ *pour tout* n,

b) P_n *appartient à* $\mathscr{C}$ *pour tout* n.

Une telle suite est évidemment décroissante.

18 Soit $F = (f_n)$ un rabotage, et soit A un élément de $\mathscr{C}$. La suite définie par récurrence de la manière suivante

$$P_1 = A, \ P_2 = f_1(P_1), \ldots, P_{n+1} = f_n(P_1, P_2, \ldots, P_n), \ldots$$

est une suite F-rabotée dont tous les termes sont inclus dans A. Nous l'appellerons la *suite* F-*rabotée déduite de* A.

Ensembles lisses

Nous allons faire intervenir ici pour la première fois le pavage $\mathscr{E}$ en nous servant de la notion de $\mathscr{E}$-enveloppe définie au no 8.

D19 *Définition.*— Un rabotage F *est dit* compatible *avec une partie* A *de* E *si* A *est enveloppe de toute suite* F-*rabotée* (P_n) *telle que* $P_1 \subset A$. On *dit que la partie* A *de* E *est* lisse *s'il existe un rabotage compatible avec elle.*
La notion de rabotage compatible avec A dépend à la fois du pavage $\mathscr{E}$ et de la capacitance $\mathscr{C}$.

Si A n'appartient pas à $\mathscr{C}$, il n'existe pas de suite rabotée dont A contienne le premier terme : A est compatible avec le rabotage identique et donc lisse. D'autre part, si A est une partie lisse appartenant à $\mathscr{C}$, il existe toujours une suite rabotée dont A est une enveloppe : en effet, si F est un rabotage compatible avec A, il suffit de prendre la suite F-rabotée déduite de A.

20   Tout élément A de $\mathscr{E}$ est enveloppe de la suite constante (A_n) égale à A. Il en résulte immédiatemment que les éléments de $\mathscr{E}$ sont compatibles avec le rabotage identique : *tout élément de $\mathscr{E}$ est lisse.*

Énoncé du théorème sur les rabotages. Applications

Voici maintenant le théorème fondamental de ce chapitre; il s'agit d'une version abstraite d'un théorème de Sierpinski [39].

T21   *Théorème.— Soient $(E,\mathscr{E})$ un espace pavé, et $\mathscr{C}$ une capacitance. L'ensemble des parties lisses de E (relativement à $\mathscr{E}$ et $\mathscr{C}$) est stable pour $(\cup\ md, \cap\ d)$.*

Nous utiliserons en fait ce théorème sous la forme du corollaire suivant, qui s'en déduit immédiatement d'après 20 et T3.

T22   *Théorème.— Soient $(E,\mathscr{E})$ un espace pavé, et $\mathscr{C}$ une capacitance. Les éléments de la mosaïque $\overset{\wedge}{\mathscr{E}}$ engendrée par $\mathscr{E}$ sont lisses.*

Pour familiariser le lecteur avec cette situation, nous allons illustrer le théorème par deux applications importantes avant de le démontrer. Nous allons en premier lieu démontrer une forme topologique du théorème de capacitabilité de Choquet.

Soit E un espace compact métrisable muni du pavage $\mathscr{E}$ formé par ses parties compactes. Soit d'autre part I une capacité de Choquet sur $(E,\mathscr{E})$, i.e. une précapacité (cf 14-3)) qui «descend» sur les compacts : si (K_n) est une suite décroissante de compacts, $I\left(\underset{n}{\cap} K_n\right) = \underset{n}{\inf}\ I(K_n)$.

Dans ces conditions, on a le théorème suivant :

T23   *Théorème.— Toute partie borélienne B de E est capacitable, i.e.*

$$I(B) = \sup\ I(K), \quad K \text{ compact inclus dans } B.$$

Démonstration.— Nous devons montrer que si $I(B) > a$ $(a \in \mathbb{R})$, il existe un compact K inclus dans B tel que $I(K) \geqq a$. Nous prendrons pour capacitance $\mathscr{C}$ l'ensemble des parties A de E telles que $I(A) > a$ (cf 14-3)). Rappelons d'autre part qu'une partie A de E est enveloppe de la suite décroissante (A_n) si A contient $\cap\ \overline{A_n}$ (cf 10)). La mosaïque engendrée par $\mathscr{E}$ étant la tribu borélienne de E, il résulte de T22 que tout borélien est lisse. Soit alors $F = (f_n)$ un rabotage compatible avec B, et soit (P_n) la suite F-rabotée déduite de B:

$$P_1 = B, P_2 = f_1(P_1), \ldots, P_{n+1} = f_n(P_1, P_2, \ldots, P_n), \ldots$$

Puisque B est une enveloppe de (P_n), B contient l'ensemble compact $\cap \, \overline{P}_n$. Comme $I(P_n) > a$ pour tout n et que I descend sur les compacts, on a

$$I\left(\cap \, \overline{P}_n\right) = \inf I(\overline{P}_n) \geqq a$$

et le théorème est établi. $\quad\square$

Nous déduirons encore de T22 une forme abstraite du théorème d'approximation par en dessous de Sion [40] (article auquel nous avons emprunté la notion de capacitance). C'est une généralisation du théorème de capacitabilité de Choquet, qui implique en particulier le théorème que nous venons de démontrer.

T24 *Théorème* (de Sion).— *Soient* $(E, \mathscr{E})$ *un espace pavé, et* $\mathscr{C}$ *une capacitance. Si B est un élément de* $\mathscr{C} \cap \overset{\wedge}{\mathscr{E}}$, *il existe une suite décroissante* (K_n) *d'éléments de* $\mathscr{C} \cap \mathscr{E}$ *telle que B contienne* $\underset{n}{\bigcap} K_n$.

Démonstration.— D'après T22, B est lisse. Soit F un rabotage compatible avec B et désignons par (P_n) la suite F-rabotée déduite de B. Comme B est enveloppe de (P_n), il existe une suite décroissante (B_n) d'éléments de $\mathscr{E} \cup \{E\}$ telle que B contienne $\cap \, B_n$ et que B_n contienne P_n pour chaque n; en particulier, chaque B_n appartient à $\mathscr{C}$. Si les B_n appartiennent à $\mathscr{E}$ à partir d'un certain rang k, la suite $(K_n) = (B_{k+n})$ a les propriétés requises. Si $B_n = E$ pour tout n, $B = E$ est la réunion d'une suite croissante d'éléments de $\mathscr{E}$, et contient donc un élément K de $\mathscr{E} \cap \mathscr{C}$: il suffit alors de prendre $K_n = K$ pour tout n. $\quad\square$

Démonstration du théorème T21

25 Avant de passer à la démonstration proprement dite, nous définirons une opération sur les rabotages: le mélange d'une suite de rabotages.

Soit $\beta: (p, q) \to p * q$ une *bijection* de $\mathbb{N}^2$ sur $\mathbb{N}$ strictement croissante par rapport à chacune de ses variables (par exemple, $p * q = 2^{p-1}(2q - 1)$) et soit $(F^k) = ((f_n^k))$ une suite de rabotages. Pour tout n, $P_1, P_2, \ldots, P_n$, posons

$$f_n(P_1, P_2, \ldots, P_n) = f_q^p(P_{p*1}, P_{p*2}, \ldots, P_{p*q}) \quad \text{où} \quad n = p * q.$$

Il est clair que l'on définit ainsi un rabotage $F = (f_n)$, appelé le *mélange des rabotages* F^k par la bijection β. L'importance de cette opération résulte du théorème suivant

T26 *Théorème.— Soient (F^k) une suite de rabotages, et F le mélange des F^k par β. Pour qu'une partie A de E soit compatible avec F, il suffit qu'elle soit compatible avec l'un des F^k.*

Démonstration.— Soit A une partie de E compatible avec F^k, k fixé. Soit d'autre part (P_n) une suite F-rabotée dont A contient le premier terme; nous devons montrer que A est une enveloppe de (P_n). Posons

$$Q_n = P_{k*n} \text{ pour tout } n.$$

Nous allons montrer que (Q_n) est une suite F^k-rabotée. Comme A contient Q_1, il en résultera que A est une enveloppe de (Q_n), et comme (Q_n) est une sous-suite de (P_n), A sera alors une enveloppe de (P_n) (cf T12)). Comme Q_n appartient évidemment à $\mathscr{C}$ pour tout n, il reste à vérifier que Q_{n+1} est inclus dans $f_n^k(Q_1, Q_2, \ldots, Q_n)$ pour tout n, et cela résulte du fait que (P_n) est F-rabotée. En effet

$$Q_{n+1} = P_{k*(n+1)} \subset P_{1+(k*n)} \subset f_{k*n}(P_1, P_2, \ldots, P_{k*n}) = f_n^k(Q_1, Q_2, \ldots, Q_n)$$

la première inclusion résultant du fait que $k*(n+1) > k*n$. $\square$

Il résulte immédiatement de T26 que si (A^k) est une suite de parties lisses de E, alors il existe un rabotage F compatible avec *tous* les A^k.

Démonstration de $T21$.— Rappelons d'abord l'énoncé: l'ensemble des parties lisses de E est stable pour $(\cup\ md, \cap\ d)$.

a) Démontrons d'abord la stabilité pour $(\cap\ d)$. Soit (A^k) une suite de parties lisses et posons $A = \bigcap_k A^k$. Désignons d'autre part par F un rabotage compatible avec tous les A^k. Si (P_n) est une suite F-rabotée dont A contient le premier terme, P_1 est aussi inclus dans tous les A^k. Par conséquent chaque A^k est une enveloppe de (P_n): il en est donc de même pour A d'après T12-3). Ainsi F est compatible avec A, qui est donc lisse.

b) Démontrons la stabilité pour $(\cup\ md)$. Soit (A^k) une suite croissante de parties lisses et posons $A = \bigcup_k A^k$. Désignons d'autre part par $F = (f_n)$ un rabotage compatible avec tous les A^k. L'argument utilisé ci-dessus ne convient plus puisqu'un ensemble peut être contenu dans A sans être contenu dans l'un des A^k. Aussi allons nous modifier le rabotage F de la manière suivante. Pour tout n, $P_1, P_2, \ldots, P_n$, nous posons

$$\varphi_n(P_1, P_2, \ldots, P_n) = P_n \qquad\qquad \text{si } A \cap P_1 \notin \mathscr{C},$$

$$\varphi_n(P_1, P_2, \ldots, P_n) = f_n(A^p \cap P_1, P_2, \ldots, P_n) \text{ si } A \cap P_1 \in \mathscr{C},$$

où p est le plus petit entier tel que $A^p \cap P_1$ appartienne à $\mathscr{C}$ (un tel entier existe d'après D13-b); cette propriété intervient ici pour la première fois). Il est clair que l'on définit ainsi un rabotage $\Phi = (\varphi_n)$. Nous allons vérifier que celui-ci est compatible avec A. Soit (P_n) une suite Φ-rabotée dont A contient le premier terme: comme $P_1 \in \mathscr{C}$ et que $A \cap P_1 = P_1$, $\varphi_n(P_1, P_2, \ldots, P_n) = f_n(A^p \cap P_1, P_2, \ldots, P_n)$. Il en résulte aussitôt que la suite $A^p \cap P_1, P_2, \ldots, P_n, \ldots$ est une suite F-rabotée, dont le premier terme est inclus dans A^p. Donc A^p est une enveloppe de cette suite, et de la suite (P_n) qui n'en diffère que par le premier terme (cf (T12-2)). Il en résulte que A est une enveloppe de (P_n) (cf T12-1)). Ainsi A est compatible avec Φ, et donc est lisse. □

Remarque.— Au cours de la démonstration de T26 et T21, nous avons de plus démontré le résultat suivant: soient $\mathscr{A}$ et $\mathscr{B}$ deux ensembles de parties de E telles que $A \cap B$ appartienne à $\mathscr{B}$ si $A \in \mathscr{A}$ et $B \in \mathscr{B}$. Si à tout $A \in \mathscr{A}$ on peut associer un rabotage (f_n) compatible avec A tel que chaque f_n envoie $\mathscr{B}^n$ dans $\mathscr{B}$, alors il en est de même pour les réunions (resp intersections) de suites croissantes (resp quelconques) d'éléments de $\mathscr{A}$. Il en est ainsi en particulier lorsque les éléments de $\mathscr{A}$ sont compatibles avec le rabotage identique. On en déduit le théorème suivant, plus précis que T22, qui ne sera pas utilisé par la suite.

T27 *Théorème.*— *Soient $(E, \mathscr{E})$ un espace pavé, et $\mathscr{F}$ un pavage contenant $\mathscr{E}$. Soit d'autre part $\mathscr{C}$ une capacitance sur E. Si A est un élément de la mosaïque $\overset{\wedge}{\mathscr{E}}$, il existe un $\mathscr{C}$-rabotage $F = (f_n)$ (relatif à $\mathscr{E}$), compatible avec A, tel que, pour chaque n, f_n envoie $(\overset{\wedge}{\mathscr{F}})^n$ dans $\overset{\wedge}{\mathscr{F}}$.*

3. Capacités

D28 *Définition.* —*Soit $(E, \mathscr{E})$ un espace pavé. Une $\mathscr{E}$-capacité de Choquet sur E est une application $I: \mathfrak{P}(E) \to \overline{\mathbb{R}}$ vérifiant les propriétés suivantes:*

a) *I est monotone croissante: si $A \subset B$, alors $I(A) \leqq I(B)$,*

b) *si (A_n) est une suite croissante de parties de E,*

$$I \left(\bigcup_n A_n \right) = \sup I(A_n),$$

c) *si (A_n) est une suite décroissante d'éléments de $\mathscr{E}$,*

$$I \left(\bigcap_n A_n \right) = \inf I(A_n).$$

La propriété c) s'étend immédiatement aux suites décroissantes d'éléments de $\mathscr{E}_\delta$. Voici quelques exemples importants de capacités.

29 *Exemples.*— 1) Soit $(E, \mathscr{E})$ un espace pavé où $\mathscr{E}$ est un pavage compact. Posons $I(A) = 0$ si $A = \emptyset$ et $I(A) = 1$ si $A \neq \emptyset$: I est une capacité positive (la propriété c) de D28 est ici une reformulation de la définition d'un pavage compact).

2) Soit $(\Omega, \mathscr{F}, P)$ un espace probabilisé complet, et posons pour toute partie A de Ω

$$P^*(A) = \inf P(B) \quad B \in \mathscr{F}, \, B \supset A \,.$$

La fonction P^*, appelée *probabilité extérieure*, est une $\mathscr{F}$-capacité positive.

3) Plus généralement, soient $(\Omega, \mathscr{F}, P)$ un espace probabilisé complet et K un espace localement compact à base dénombrable. On munit K du pavage $\mathscr{K}$ formé par ses parties compactes. Pour toute partie A de $K \times \Omega$, posons

$$I(A) = P^*[\pi(A)],$$

où π désigne la projection de $K \times \Omega$ sur Ω. D'après T7, la précapacité I est une $\mathscr{K} \otimes \mathscr{F}$-capacité positive sur $K \times \Omega$. Les capacités que nous rencontrerons en théorie générale des processus seront le plus souvent de ce type.

Nous verrons d'autres exemples importants au cours du chapitre II.

D30 *Définition.*— *Soient $(E, \mathscr{E})$ un espace pavé et I une capacité sur E. Une partie A de E est dite I-capacitable si l'on a*

$$I(A) = \sup I(K) \quad K \in \mathscr{E}_\delta, \, K \subset A \,.$$

Le théorème suivant est une forme abstraite du théorème de capacitabilité de Choquet [6].

T31 *Théorème* (de Choquet).— *Soient $(E, \mathscr{E})$ un espace pavé et I une capacité sur E. Tout élément de la mosaïque $\hat{\mathscr{E}}$ engendrée par $\mathscr{E}$ est capacitable.*

Démonstration.— Soit $A \in \hat{\mathscr{E}}$. Si $I(A) = -\infty$, alors $I(A) = I(\emptyset)$. Sinon, nous devons montrer que si $I(A) > a$ $(a \in \mathbb{R})$, il existe $K \in \mathscr{E}_\delta$ inclus dans A tel que $I(K) \geqq a$. Soit $\mathscr{C}$ la capacitance sur E formée par les parties B de E telles que $I(B) > a$. D'après T24, il existe une suite décroissante (K_n) d'éléments de $\mathscr{E} \cap \mathscr{C}$ telle que A contienne $\cap K_n$. Il suffit alors de poser $K = \cap K_n$ puisque $I(K) = \inf I(K_n) \geqq a$. $\square$

Nous ne parlerons pas des procédés de construction d'une capacité à partir d'une fonction d'ensemble définie sur un ensemble de parties, ni des capacités fortement sous-additives ou continues à droite. Sur ce sujet, on pourra consulter Meyer [31], où l'on trouvera en outre une bibliographie abondante.

Applications à la théorie de la mesure

Le théorème suivant permet de démontrer la mesurabilité de nombreuses fonctions en théorie des processus

T32 *Théorème.—* *Soient* $(\Omega, \mathscr{F}, P)$ *un espace probabilisé complet et* $(K, \mathscr{B}(K))$ *un espace localement compact à base dénombrable muni de sa tribu borélienne. Désignons par π la projection de $K \times \Omega$ sur Ω. Si B est un élément de la tribu produit $\mathscr{B}(K) \overset{\wedge}{\otimes} \mathscr{F}$, la projection $\pi(B)$ de B sur Ω appartient à $\mathscr{F}$.*

Démonstration.— Soit $\mathscr{K}$ le pavage sur K formé par les parties compactes et désignons par I la $\mathscr{K} \otimes \mathscr{F}$-capacité sur $K \times \Omega$ définie au no 29-3): $I(A) = P^*[\pi(A)]$. Comme $\mathscr{B}(K)$ est la mosaïque engendrée par $\mathscr{K}$, il est clair que $\mathscr{B}(K) \overset{\wedge}{\otimes} \mathscr{F}$ est la mosaïque engendrée par $\mathscr{K} \otimes \mathscr{F}$: donc B est I-capacitable d'après T31. Pour tout entier n, il existe ainsi un élément L_n de $(\mathscr{K} \otimes \mathscr{F})_\delta$ contenu dans B tel que

$$I(B) \leqq I(L_n) + \frac{1}{n}.$$

Comme $\pi(L_n)$ appartient à $\mathscr{F}$ pour chaque n (cf T7), l'ensemble $\pi(B)$ est P-p.s. égal à l'ensemble $\pi(\bigcup L_n) \in \mathscr{F}$: la tribu étant complète, $\pi(B)$ appartient à $\mathscr{F}$. ☐

33 Nous dirons qu'une partie G de l'espace mesurable produit

$$(K \times \Omega, \ \mathscr{B}(K) \overset{\wedge}{\otimes} \mathscr{F})$$

est un *graphe mesurable* si G est une partie mesurable et si pour tout $\omega \in \Omega$, la coupe $G(\omega)$ comporte au plus un point. Voici un exemple d'application du théorème précédent (dont nous gardons les hypothèses).

T34 *Théorème.—* *Une partie G de $K \times \Omega$ est un graphe mesurable si et seulement s'il existe une application mesurable g, définie sur une partie mesurable H de Ω (munie de la tribu induite par $\mathscr{F}$) et à valeurs dans K telle que*

$$G = \{(x, \omega) \in K \times \Omega : x = g(\omega)\}.$$

Démonstration.— Si g est une application mesurable définie sur $H \in \mathscr{F}$, le graphe de G, égal à $\{(x, \omega) \in K \times H : x = g(\omega)\}$, est l'image réciproque de la diagonale de $K \times K$ par l'application $\varphi \colon (x, \omega) \to (x, g(\omega))$ de $K \times H$ dans $K \times K$. L'application φ étant mesurable pour les structures mesurables produit, et la diagonale de $K \times K$ appartenant à $\mathscr{B}(K) \overset{\wedge}{\otimes} \mathscr{B}(K)$, il est clair que la condition est suffisante. Réciproquement, si G est un graphe mesurable, soit H la projection de G sur Ω et soit g l'application définie sur H de la manière suivante: si $\omega \in H$, $g(\omega)$ est la projection sur K de l'unique point de la coupe $G(\omega)$. Pour tout borélien B de K, $g^{-1}(B)$

est la projection sur Ω de la partie mesurable $G \cap (B \times \Omega)$ de $K \times \Omega$. L'ensemble $g^{-1}(B)$ appartient donc à $\mathcal{F}$ d'après T32, de même que H qui est la projection de G sur Ω. La condition nécessaire est alors établie. ❏

35 Nous allons nous intéresser maintenant au cas où $K = \mathbb{R}_+$ (c'est la situation en théorie des processus). Soient $(\Omega, \mathcal{F}, P)$ un espace probabilisé complet et A une partie de $\mathbb{R}_+ \times \Omega$. Nous appellerons *début de A* la fonction positive D_A (à valeurs finies ou non) définie sur Ω par

$$D_A(\omega) = \inf \{ t \in \mathbb{R}_+ : (t, \omega) \in A \}.$$

($D_A(\omega) = +\infty$ si la coupe $A(\omega)$ de A est vide). Voici une autre application importante de T32, voisine de T34.

T36 *Théorème.—* *Soient $(\Omega, \mathcal{F}, P)$ un espace probabilisé complet et A une partie mesurable de l'espace mesurable produit $\mathbb{R}_+ \times \Omega$. Le début D_A de A est une variable aléatoire.*

Démonstration.— En effet, pour tout réel $t > 0$, l'ensemble $\{\omega : D_A < t\}$ est égal à la projection sur Ω de la partie mesurable $A \cap ([0, t[\times \Omega)$ de $\mathbb{R}_+ \times \Omega$: il appartient donc à $\mathcal{F}$ d'après T32. ❏

Nous reprendrons cette démonstration au chapitre III pour montrer que le début d'un ensemble progressivement mesurable est un temps d'arrêt, tandis que le théorème suivant sera utilisé au chapitre IV pour démontrer les théorèmes de section par des graphes de temps d'arrêt.

T37 *Théorème* (de section).— *Soient $(\Omega, \mathcal{F}, P)$ un espace probabilisé complet et B une partie mesurable de l'espace mesurable produit $\mathbb{R}_+ \times \Omega$. Il existe une variable aléatoire positive Z (à valeurs finies ou non) telle que*

a) *le graphe* $[Z] = \{(t, \omega) \in \mathbb{R}_+ \times \Omega : Z(\omega) = t\}$ *de Z soit contenu dans B,*

b) *l'ensemble* $\{\omega : Z(\omega) < +\infty\}$ *soit égal à la projection $\pi(B)$ de B sur Ω.*

Démonstration.— La démonstration se fera en deux temps. D'abord, nous allons montrer que pour tout $\varepsilon > 0$ il existe une v.a. positive Z_ε dont le graphe $[Z_\varepsilon]$ est contenu dans B et telle que

$$P[\pi(B)] \leqq P\{Z_\varepsilon < +\infty\} + \varepsilon.$$

Puis nous construirons Z à l'aide de ce résultat.

a) Nous allons reprendre la démonstration de T32. Soit $\mathcal{K}$ le pavage sur $\mathbb{R}_+$ formé par les parties compactes et désignons par I la $\mathcal{K} \otimes \mathcal{F}$-capacité sur $\mathbb{R}_+ \times \Omega$ définie en 29-3) : $I(A) = P^*[\pi(A)]$. Si A appartient à $\mathcal{B}(\mathbb{R}_+) \hat{\otimes} \mathcal{F}$, il existe, pour tout $\varepsilon > 0$, un élément L_ε de $(\mathcal{K} \otimes \mathcal{F})_\delta$ contenu dans A tel que

$$I(A) \leqq I(L_\varepsilon) + \varepsilon.$$

Désignons par Y_ε le début de L_ε, qui est une v.a. d'après T36. Comme pour tout $\omega \in \Omega$, la coupe $L_\varepsilon(\omega)$ de L_ε suivant ω est une partie compacte de $\mathbb{R}_+$, le graphe $[Y_\varepsilon]$ de Y_ε est contenu dans L_ε, et à fortiori dans A. De plus, on a

$$P[\pi(A)] \leqq P\{Y_\varepsilon < +\infty\} + \varepsilon,$$

puisque $\pi(A)$ appartient à $\mathscr{F}$ (cf T32) et que $\{Y_\varepsilon < +\infty\}$ est égal à $\pi(L_\varepsilon)$.

b) Nous allons construire maintenant la v.a. Z du théorème. Remarquons d'abord qu'il suffit que $\{Z < +\infty\}$ soit P-p.s. égal à $\pi(B)$, car on peut alors modifier la définition de Z dans l'ensemble négligeable $(\pi(B) - \{Z < +\infty\})$ pour avoir une véritable égalité. Posons alors $B = A_1$ et soit Y_1 une v.a. positive dont le graphe $[Y_1]$ est contenu dans A_1 et telle que $P[\pi(A_1)] \leqq 2 \cdot P\{Y_1 < +\infty\}$ (une telle v.a. existe d'après ce qui précède). Soit $A_2 = A_1 - (\mathbb{R}_+ \times \{Y_1 < +\infty\})$. On détermine de même une v.a. positive Y_2, dont le graphe $[Y_2]$ est contenu dans A_2, telle que $P[\pi(A_2)] \leqq 2 \cdot P\{Y_2 < +\infty\}$. Par récurrence, on construit ainsi une suite (Y_n) de v.a. positives dont les graphes sont contenus dans B et ont leurs projections sur Ω disjointes, telle que l'on ait pour chaque entier n

$$\sum_1^n P\{Y_k < +\infty\} \geqq (1 - 2^{-n})\, P[\pi(B)].$$

La v.a. Z égale à Y_n sur $\{Y_n < +\infty\}$ pour chaque n et à $+\infty$ ailleurs a alors son graphe contenu dans B et $\{Z < +\infty\}$ est P-p.s. égal à $\pi(B)$. $\square$

Appendice

Comme les notions et résultats exposés ici ne seront pas utilisés par la suite (en dehors de l'appendice du chapitre II), nous nous contenterons de résumer la théorie des ensembles analytiques (cf Meyer [31] pour plus de détails).

Ensembles analytiques

D38 *Définition.—* *Soit* $(E, \mathscr{E})$ *un espace pavé. Une partie A de E est dite $\mathscr{E}$-analytique s'il existe un espace pavé auxiliaire $(K, \mathscr{K})$, où $\mathscr{K}$ est un pavage compact, et un élément B de $(\mathscr{K} \otimes \mathscr{E})_{\sigma\delta}$ tels que A soit égal à la projection de B sur E.*

On peut montrer que l'ensemble $\mathscr{A}$ des parties $\mathscr{E}$-analytiques de E contient $\mathscr{E}$ et est stable pour $(\cup\, d, \cap\, d)$ (cf. Meyer [31]-III-T8): en particulier, $\mathscr{A}$ contient la mosaïque engendrée par $\mathscr{E}$. On peut montrer aussi que les ensembles $\mathscr{A}$-analytiques coïncident avec les ensembles $\mathscr{E}$-analytiques (cf Meyer [31]-III-T10). Nous n'utiliserons ici des ensembles analytiques que leur définition.

Nous allons démontrer le théorème de Sion pour les ensembles analytiques, qui entraine le théorème de Choquet (cf la démonstration de T31).

T39   *Théorème* (de Sion).— *Soient* $(E, \mathscr{E})$ *un espace pavé et* $\mathscr{C}$ *une capacitance sur* E. *Si* A *est un élément* $\mathscr{E}$-*analytique de* $\mathscr{C}$, *il existe une suite décroissante* (L_n) *d'éléments de* $\mathscr{C} \cap \mathscr{E}$ *telle que* A *contienne* $\bigcap\limits_n L_n$.

Démonstration.— Soient $(K, \mathscr{K})$ un espace pavé, où $\mathscr{K}$ est compact, et B un élément de $(\mathscr{K} \otimes \mathscr{E})_{\sigma\delta}$ tels que $A = \pi(B)$, où π désigne la projection de $K \times E$ sur E.

Il est clair que $\Gamma = \{H \in \mathfrak{P}(K \times E) : \pi(H) \in \mathscr{C}\}$ est une capacitance. Supposons qu'il existe une suite décroissante (K_n) d'éléments de $\Gamma \cap (\mathscr{K} \otimes \mathscr{E})$ telle que B contienne $\cap K_n$: il suffit alors de poser $L_n = \pi(K_n)$, puisque $\pi (\wedge K_n) = \wedge \pi(K_n)$ d'après T7. L'existence de la suite (K_n) résulte de T24, B appartenant à $\Gamma \cap (\mathscr{K} \overset{\wedge}{\otimes} \mathscr{E})$, mais on peut aussi l'établir directement. Soit $B = \bigcap\limits_n \bigcup\limits_m B_m^n$, où, pour chaque n, $(B_m^n)_{m \in \mathbb{N}}$ est une suite croissante d'éléments de $\mathscr{K} \otimes \mathscr{E}$, et soit Γ_B la capacitance formée par les parties H de $K \times E$ telles que $H \cap B \in \Gamma$. Comme $\bigcup\limits_m B_m^1$ appartient à Γ_B, il existe un entier m_1 tel que $K_1 = B_{m_1}^1$ appartienne aussi à Γ_B. Raisonnons par récurrence et supposons construit K_n : comme K_n appartient à Γ_B, il en est de même pour $K_n \cap \left(\bigcup\limits_m B_m^{n+1}\right)$, et il existe alors un entier m_{n+1} tel que $K_{n+1} = K_n \cap B_{m_{n+1}}^{n+1}$ appartienne à Γ_B. Il est clair que la suite (K_n) ainsi construite par récurrence vérifie les propriétés requises. $\square$

Rabotages et ensembles analytiques

T40   *Théorème.*— *Soient* $(E, \mathscr{E})$ *un espace pavé et* $\mathscr{C}$ *une capacitance. Toute partie* $\mathscr{E}$-*analytique de* E *est lisse* (*relativement à* $\mathscr{E}$ *et* $\mathscr{C}$).

Démonstration.— Soient A une partie $\mathscr{E}$-analytique de E, $(K, \mathscr{K})$ un espace pavé où $\mathscr{K}$ est compact, et B un élément de $(\mathscr{K} \otimes \mathscr{E})_{\sigma\delta}$ tel que A soit égal à la projection de B sur E. Nous désignerons d'autre part par π la projection de $K \times E$ sur E et par Γ la capacitance sur $K \times E$ formée par les parties H telles que $\pi(H)$ appartienne à la capacitance $\mathscr{C}$. En vertu de T22, il existe un rabotage $\Phi = (\varphi_n)$ (relatif à $\mathscr{K} \otimes \mathscr{E}$ et Γ) compatible avec B. Si $P_1, \ldots, P_n$ sont n parties de E, nous poserons

$$\begin{cases} Q_1' & = B \cap (K \times P_1) \\ Q_{k+1}' & = B \cap (K \times P_{k+1}) \cap \varphi_k(Q_1', \ldots, Q_k') \quad \text{pour} \quad k = 1, \ldots, n-1 \end{cases}$$

et

$$\begin{cases} Q_1 = Q_1' & \text{si } P_1 \subset A \\ Q_{k+1} = Q_{k+1}' & \text{si } P_{k+1} \subset A \cap \pi[\varphi_k(Q_1', \ldots, Q_k')] \text{ pour } k = 1, \ldots, n-1, \end{cases}$$

$$\begin{cases} Q_1 = (K \times P_1) & \text{si } P_1 \not\subset A \\ Q_{k+1} = (K \times P_{k+1}) & \text{si } P_{k+1} \not\subset A \cap \pi[\varphi_k(Q_1', \ldots, Q_k')] \text{ pour } k = 1, \ldots, n-1. \end{cases}$$

On remarquera que l'on a toujours $\pi(Q_k) = P_k$ pour $k = 1, \ldots, n$. Si l'on pose alors

$$f_n(P_1, \ldots, P_n) = \pi[\varphi_n(Q_1, \ldots, Q_n)],$$

quels que soient l'entier n et les parties $P_1, \ldots, P_n$ de E, il est clair que l'on définit ainsi un $\mathscr{C}$-rabotage $F = (f_n)$ sur E. Nous allons montrer que ce rabotage est compatible avec A. Soit (P_n) une suite F-rabotée dont A contient le premier terme. Si les Q_i' et Q_i sont définis comme ci-dessus, $Q_1' = Q_1 \subset B$. Supposons démontré que $Q_m' = Q_m$ pour $m \leq k$. Alors

$$P_{k+1} \subset f_k(P_1, \ldots, P_k) = \pi[\varphi_k(Q_1, \ldots, Q_k)] = \pi[\varphi_k(Q_1', \ldots, Q_k')]$$

et donc $Q_{k+1}' = Q_{k+1}$. Ainsi, $Q_n' = Q_n$ pour tout n, et comme $\pi(Q_n) = P_n$, il en résulte que la suite (Q_n) est Φ-rabotée et que son premier terme est inclus dans B. Donc B est une enveloppe de (Q_n) (relativement à $\mathscr{K} \otimes \mathscr{E}$): il existe une suite décroissante (Q_n^*) d'éléments de $\mathscr{K} \otimes \mathscr{E}$, telle que Q_n^* contienne Q_n pour tout n et que B contienne $\cap Q_n^*$. Si l'on pose alors $P_n^* = \pi(Q_n^*)$, (P_n^*) est une suite décroissante d'éléments de $\mathscr{E}$, telle que P_n^* contienne P_n pour tout n, et comme $\cap P_n^* = \pi(\cap Q_n^*)$ (cf T7), A est une enveloppe de (P_n). Donc, le rabotage F est compatible avec A, et A est lisse. ☐

Remarque.— On peut aussi faire une théorie des ensembles lisses qui est très voisine de celle des ensembles analytiques. Mais, jusqu'ici, elle est techniquement compliquée et bien moins élégante que cette dernière (cf Dellacherie [23]).

Chapitre II

Ensembles minces pour une capacité

Soient E un espace compact métrisable et $\mathscr{H}$ un ensemble de parties de E stable pour $(\cup d)$ et héréditaire. Nous nous intéressons dans ce chapitre au problème suivant:

> «Si un borélien B de E n'appartient pas à $\mathscr{H}$, est ce que B contient un compact K qui n'appartient pas à $\mathscr{H}$?»

Sous cette forme générale, la réponse est négative. Prenons en effet pour ensemble $\mathscr{H}$ l'ensemble des parties de E qui sont de la première catégorie de Baire (i.e. les parties de E contenues dans une réunion dénombrable de compacts d'intérieur vide). Il résulte du théorème de Baire que le complémentaire d'un ensemble de première catégorie n'est pas de première catégorie. Soit alors B le complémentaire d'une suite partout dense dans E (supposé sans points isolés): B n'appartient pas à $\mathscr{H}$ alors que tout compact contenu dans B appartient à $\mathscr{H}$. Voici par contre un exemple où le problème a une solution positive: soit μ une mesure sur E et supposons que $\mathscr{H}$ contienne tous les ensembles μ-négligeables. Comme tout borélien est la réunion d'une suite dénombrable de compacts et d'un ensemble μ-négligeable, il est clair qu'un borélien B qui n'appartient pas à $\mathscr{H}$ contient un compact qui n'appartient pas à $\mathscr{H}$.

Voici un autre exemple moins classique qui nous servira d'introduction à la suite: prenons pour ensemble $\mathscr{H}$ l'ensemble des parties dénombrables de E. Un théorème de Alexandrov et Hausdorff assure qu'un borélien non dénombrable contient un compact non dénombrable (l'extension de ce résultat aux ensembles analytiques est due à Souslin). Nous allons traduire ce résultat dans quatre langages mathématiques différents, ce qui nous donnera autant de possibilités d'extension de ce théorème.

1) Soit M l'ensemble des mesures ponctuelles ε_x, où $x \in E$: c'est un compact pour la topologie vague (i.e. la topologie de la convergence simple sur les fonctions continues). On obtient alors l'énoncé suivant: si $\mu(B) > 0$ pour une infinité non dénombrable de μ appartenant au

compact vague M, le borélien B contient un compact ayant la même propriété.

2) Soit Λ la mesure de comptage des points: c'est une mesure de Hausdorff (mesures qui ne sont pas σ-finies en général. Voir la définition au § 2). On a alors: si le borélien B n'est pas de mesure σ-finie pour la mesure de Hausdorff Λ, il contient un compact ayant la même propriété.

3) Prenons pour E un compact de $\mathbb{R}$ et considérons sur $\mathbb{R}$ le semi-groupe (P_t) de la translation uniforme de vitesse $+1$: c'est un semi-groupe de Hunt et les boréliens dénombrables sont les boréliens semi-polaires pour la théorie du potentiel attaché à ce semi-groupe. On a alors: si le borélien B n'est pas semi-polaire, il contient un compact qui n'est pas semi-polaire.

4) Considérons enfin la fonction d'ensemble I qui vaut 0 sur la partie vide et 1 sur les autres parties: c'est une capacité positive sur E (muni du pavage formé par ses parties compactes). On obtient alors l'énoncé suivant: un borélien B, qui contient une famille non dénombrable (B_i) de boréliens disjoints tels que $I(B_i) > 0$ pour tout i, contient un compact ayant la même propriété.

L'extension de 2) aux mesures de Hausdorff générales est due à Davies [12], Sion et Sjerve [41], celle de 3) aux boréliens semi-polaires d'un semi-groupe de Hunt se trouve dans Dellacherie [18]. Nous allons démontrer au paragraphe 2 l'extension de 4) aux capacités positives: nous retrouverons alors comme cas particuliers les extensions de 1), 2) et 3). Le paragraphe 3 est consacré à l'exposition de résultats analogues, mais dans un cadre abstrait. Ces théorèmes d'approximation par en dessous seront déduits d'un théorème fondamental exposé au paragraphe 1, dont la démonstration fera intervenir la technique des rabotages. Signalons enfin que ces résultats seront énoncés pour les ensembles boréliens (ou pour les éléments d'une mosaïque), mais qu'ils sont encore vrais pour les ensembles analytiques (voir en particulier l'appendice).

1. Capacitances scissipares

Dans tout ce paragraphe, nous désignons par $(E, \mathscr{E})$ un espace pavé où $\mathscr{E}$ est stable pour $(\cap d)$.

D1 *Définition.— Une capacitance $\mathscr{C}$ sur E est dite $\mathscr{E}$-scissipare si pour tout élément A de la capacitance $\mathscr{C}$, il existe deux éléments disjoints $\Phi_0(A)$ et $\Phi_1(A)$ de $\mathscr{E}$ tels que les ensembles $A \cap \Phi_0(A)$ et $A \cap \Phi_1(A)$ appartiennent à $\mathscr{C}$.*

Si A est une partie de E et $\mathscr{C}$ une capacitance sur E, nous appellerons *restriction de $\mathscr{C}$ à la partie A* l'ensemble $\mathscr{C}_A$ des parties B de E telles que $A \cap B$ appartienne à $\mathscr{C}$: il est clair que $\mathscr{C}_A$ est encore une capacitance sur E (et non sur A!). On peut alors reformuler D1 de la manière suivante:

$\mathscr{C}$ est scissipare si, pour tout $A \in \mathscr{C}$, la restriction $\mathscr{C}_A$ de $\mathscr{C}$ à A contient deux éléments disjoints de $\mathscr{E}$. Intuitivement, une capacitance scissipare est donc une classe de «gros» ensembles qui peuvent se scinder en deux «gros» ensembles.

2   *Exemples*.— Dans les deux exemples suivants, E est un espace métrisable compact muni du pavage $\mathscr{E}$ formé par les parties compactes.

1) Soit μ une loi de probabilité diffuse sur E. L'ensemble des parties A de E telles que $\mu^*(A) > a$, où $a \in \mathbb{R}_+$, est une capacitance scissipare si $a = 0$, et est une capacitance non scissipare si $a \neq 0$. La vérification est laissée au lecteur.

2) Avant de donner le second exemple, nous rappellerons quelques notions topologiques élémentaires. On dit qu'un point $x \in E$ est un *point de condensation* de la partie A de E si tout voisinage de x rencontre A suivant un ensemble non dénombrable. Un argument simple de recouvrement montre que les points de A qui ne sont pas de condensation pour A forment un ensemble dénombrable. En particulier, si A n'est pas dénombrable, il existe une infinité non dénombrable de points de condensation de A appartenant à A. Soit alors $\mathscr{C}$ la capacitance formée par les parties non dénombrables de E et soit A un élément de $\mathscr{C}$. On peut séparer deux points de condensation distincts de A par deux voisinages compacts de ces points: la capacitance $\mathscr{C}$ est donc scissipare.

Voici maintenant le théorème fondamental de ce chapitre. Avant d'en donner la démonstration (adaptée de Sierpinski [39]), nous l'illustrerons par des exemples.

T3   *Théorème*.— *Soit $\mathscr{C}$ une capacitance $\mathscr{E}$-scissipare et soit A un élément de $\hat{\mathscr{E}} \cap \mathscr{C}$. Il existe une famille non dénombrable (K_i) d'éléments disjoints de $\mathscr{E}$ contenus dans A et vérifiant les conditions suivantes:*

a) *pour chaque i, K_i est l'intersection d'une suite décroissante d'éléments de $\mathscr{E} \cap \mathscr{C}$,*

b) *la réunion des K_i est un élément K de $\mathscr{E}$ (contenu dans A).*

On notera qu'ici, comme dans le théorème de Sion (cf I-T24), on ne peut affirmer que les K_i appartiennent à $\mathscr{C}$. Cependant, lorsque l'on a une «information» sur la «grosseur» de l'intersection d'une suite décroissante d'éléments de $\mathscr{E} \cap \mathscr{C}$ on peut conclure dans certains cas que l'ensemble K appartient à $\mathscr{C}$. Reprenons les deux exemples cités. Dans l'exemple 1), il est clair que chaque K_i est μ-négligeable, la mesure μ étant bornée: on ne peut rien dire de la mesure de K. Dans l'exemple 2), chaque K_i est non vide, comme intersection d'une suite décroissante de compacts non dénombrables: donc K est non dénombrable. Nous obtenons ainsi le théorème de Alexandrov-Hausdorff.

T4 *Théorème.— Dans un espace métrisable compact, un borélien non dénombrable contient un compact non dénombrable.*

Démonstration de T3

Nous utiliserons les notations suivantes: D sera l'ensemble des mots «dyadiques», finis, engendrés par 0 et 1, D_n celui des mots de longueur n. Si $m \in D$, nous noterons $m0$ (resp $m1$) le mot obtenu en ajoutant 0 (resp 1) à l'extrémité droite de m. Si $m \in D_n$, les mots de longueur $1, 2, \ldots, n-1, n$ formés des premiers termes à partir de la gauche de m seront notés $m_1, m_2, \ldots, m_{n-1}, m_n = m$. De même, si μ appartient à l'ensemble $D_\infty = \{0, 1\}^{\mathbb{N}}$ des mots dyadiques infinis, nous noterons μ_n le mot de longueur n formé des n premiers termes de μ.

Démonstration de T3.— Soit A un élément de $\hat{\mathscr{E}} \cap \mathscr{C}$. D'après I-T4, il existe un sous-pavage dénombrable $\mathscr{F}$ de $\mathscr{E}$ tel que A appartienne à $\hat{\mathscr{F}}$. L'ensemble A étant lisse relativement à $\mathscr{F}$ et à $\mathscr{C}$, il existe un $\mathscr{C}$-rabotage $F = (f_n)$ *relatif au pavage* $\mathscr{F}$ qui est compatible avec A. Nous désignerons d'autre part par (Φ_0, Φ_1) un couple d'applications de $\mathscr{C}$ dans $\mathscr{E} \times \mathscr{E}$ vérifiant les propriétés de D1. Nous définirons par récurrence une application $m \to A_m$ de l'ensemble D des mots dyadiques dans l'ensemble des parties de E de la manière suivante:

$$A_0 = \Phi_0(A) \cap A, \qquad\qquad A_1 = \Phi_1(A) \cap A,$$
$$A_{00} = \Phi_0[f_1(A_0)] \cap f_1(A_0), \qquad A_{10} = \Phi_0[f_1(A_1)] \cap f_1(A_1),$$
$$A_{01} = \Phi_1[f_1(A_0)] \cap f_1(A_0), \qquad A_{11} = \Phi_1[f_1(A_1)] \cap f_1(A_1)$$

et d'une manière générale, si m est un mot de longueur n,

$$A_{m0} = \Phi_0[f_n(A_{m_1}, \ldots, A_{m_n})] \cap f_n(A_{m_1}, \ldots, A_{m_n}),$$
$$A_{m1} = \Phi_1[f_n(A_{m_1}, \ldots, A_{m_n})] \cap f_n(A_{m_1}, \ldots, A_{m_n}).$$

Il résulte aussitôt de la définition du rabotage F et des propriétés du couple (Φ_0, Φ_1) que les ensembles A_m, $m \in D$, appartiennent à $\mathscr{C}$. Soit $\mathscr{G}$ le sous-pavage de $\mathscr{E}$ engendré par $\mathscr{F}$ et par les ensembles de la forme $\Phi_i[f_n(A_{m_1}, \ldots, A_{m_n})]$ pour $i = 0, 1$, n parcourant les entiers et $m \in D_n$. Comme D est dénombrable, il est clair que $\mathscr{G}$ est aussi dénombrable: si B est une partie de E contenue dans un élément de $\mathscr{G}$, nous désignerons par $\overline{B}$ l'adhérence de B relative au pavage $\mathscr{G}$ (cf I-11; rappelons que $\overline{B}$ est le plus petit élément de $\mathscr{G}_\delta$ contenant B). Pour $m \in D$, l'ensemble A_m a une adhérence $\overline{A_m}$ appartenant à $\mathscr{G}_\delta \cap \mathscr{C}$. Posons alors pour tout mot dyadique infini μ

$$K_\mu = \bigcap_n \overline{A}_{\mu_n} \quad \text{et} \quad K = \bigcup_{\mu \in D_\infty} K_\mu.$$

Pour tout $m \in D$, les ensembles $\overline{A}_{m0}$ et $\overline{A}_{m1}$ sont disjoints: donc, si μ et ν sont deux mots dyadiques infinis distincts, les ensembles K_μ et K_ν sont disjoints. D'autre part l'ensemble D_∞ n'est pas dénombrable (il a la puissance du continu). Pour achever la démonstration du théorème (à des changements de notation près), il nous reste à démontrer que K appartient à $\mathscr{E}$ et est contenu dans A. Or, pour tout entier n, l'ensemble D_n des mots de longueur n est fini. Posons

$$K_n = \bigcup_{m \in D_n} \overline{A}_m.$$

L'ensemble K_n est un élément de $\mathscr{G}_\delta$ et donc de $\mathscr{E}$. D'autre part, $K = \bigcap_n K_n$ (formule de distributivité des réunions et intersections): donc K appartient à $\mathscr{E}$. Enfin, pour tout mot infini μ, la suite (A_{μ_n}) est F-rabotée et A contient A_{μ_1}. Comme F est compatible avec A, relativement à $\mathscr{C}$ et à $\mathscr{F}$, A est une $\mathscr{F}$-enveloppe de cette suite: il existe une suite décroissante (F_n) d'éléments de $\mathscr{F} \cup \{E\}$ telle que F_n contienne A_{μ_n} pour chaque n, et que $\bigcap_n F_n$ soit contenu dans A. Comme $\mathscr{F}$ est un sous-pavage de $\mathscr{G}$, F_n contient $\overline{A}_{\mu_n}$ pour chaque n. Il est alors clair que A contient $K_\mu = \bigcap_n \overline{A}_{\mu_n}$ pour tout mot infini μ, et donc $K = \bigcup_\mu K_\mu$. $\blacksquare$

En fait, en modifiant légèrement la démonstration, on obtient un résultat plus précis que T3: A contient 2^N éléments de $\mathscr{E}$ disjoints de la forme indiquée au b) de T3 et dont la réunion appartient encore à $\mathscr{E}$:

T5 *Théorème.— Soient $\mathscr{C}$ une capacitance scissipare sur E et A un élément de $\overset{\wedge}{\mathscr{E}} \cap \mathscr{C}$. Il existe une famille de 2^N éléments disjoints (L_μ) de $\mathscr{E}$ contenus dans A et vérifiant les conditions suivantes:*

a) *pour chaque μ, L_μ est la réunion d'une famille de 2^N éléments disjoints (K_i) de $\mathscr{E}$, où, pour chaque i, K_i est l'intersection d'une suite décroissante d'éléments de $\mathscr{E} \cap \mathscr{C}$,*

b) *la réunion des L_μ est un élément L de $\mathscr{E}$ (contenu dans A).*

Démonstration.— Nous gardons les notations de la démonstration de T3. Si μ et ν sont deux mots infinis, nous désignerons par $\mu * \nu$ le mot infini dont le terme de rang $2n - 1$ (resp $2n$) est égal au terme de rang n de μ (resp ν). Posons alors pour tout $\mu \in D_\infty$

$$L_\mu = \bigcup_{\nu \in D_\infty} K_{\mu * \nu}.$$

On montre comme ci-dessus par une formule de distributivité que les L_μ appartiennent à $\mathscr{E}$. Le reste de la proposition est immédiat. On notera que $L = \bigcup_{\mu} L_{\mu}$ est égal à $K = \bigcup_{\mu} K_{\mu}$: on a simplement fait une partition de l'ensemble D_{∞} en 2^{N} parties de la forme $\mu * D_{\infty}$, μ parcourant D_{∞}. ☐

On obtient ainsi une version plus forte du théorème de Alexandrov-Hausdorff.

T6 *Théorème.— Dans un espace métrisable compact, un borélien non dénombrable contient un compact égal à la réunion de 2^{N} compacts non dénombrables disjoints.*

2. Ensembles minces: Cas topologique

7 Afin d'éviter les redites, nous introduirons d'abord les notions de précapacité et de capacité régulières dans un cadre abstrait. Soit $(E, \mathscr{E})$ un espace pavé. Nous dirons qu'une application I de $\mathfrak{P}(E)$ dans $\overline{\mathbb{R}}_{+}$ est une *précapacité régulière* si les conditions suivantes sont satisfaites:

   a) $I(\emptyset) = 0$.
   b) I est croissante: si $A \subset B$, alors $I(A) \leqq I(B)$.
   c) I «monte»: si (A_n) est une suite croissante, $I(\bigcup A_n) = \sup I(A_n)$.
   d) Si $I(A) = 0$ et $I(B) = 0$, alors $I(A \cup B) = 0$.
   e) Pour toute partie A de E, on a

$$I(A) = \inf I(B) \quad B \supset A, B \in \overset{\wedge}{\mathscr{E}}.$$

Nous dirons que I est une *capacité régulière* si I vérifie de plus la condition.

   f) I «descend» sur les éléments de $\mathscr{E}$: si (K_n) est une suite décroissante d'éléments du pavage $\mathscr{E}$, $I(\bigcap K_n) = \inf I(K_n)$.

Les conditions b) et c) (resp b), c) et f)) expriment que I est une précapacité (resp une capacité). La condition d) est vérifiée dès que I est sous-additive (i.e. $I(A \cup B) \leqq I(A) + I(B)$ pour tout couple A, B), ce qui est le cas de toutes les capacités positives usuelles. Enfin la condition e) est tout à fait anodine lorsqu'on ne s'intéresse qu'aux éléments de la mosaïque $\overset{\wedge}{\mathscr{E}}$. En effet si I est une fonction de $\overset{\wedge}{\mathscr{E}}$ dans $\overline{\mathbb{R}}_{+}$ vérifiant les propriétés a), b), c) et d), on peut prolonger I à $\mathfrak{P}(E)$ en posant, pour toute partie A de E,

$$I(A) = \inf I(B) \quad B \supset A, B \in \overset{\wedge}{\mathscr{E}}.$$

Comme la borne inférieure est atteinte pour un élément B de $\overset{\wedge}{\mathscr{E}}$, il est clair que la fonction I ainsi prolongée est une précapacité régulière, et une capacité régulière si I vérifie la condition f).

8 Soient $(E, \mathscr{E})$ un espace pavé, et I une précapacité régulière sur E. Nous dirons qu'une partie A de E est *I-négligeable* si $I(A) = 0$. Il résulte de la condition e) qu'une partie négligeable est contenue dans un élément négligeable de $\hat{\mathscr{E}}$, et des conditions b), c), d) que l'ensemble $\mathscr{N}$ des parties négligeables de E est héréditaire et stable pour $(\cup\, d)$.

Nous désignerons désormais dans ce paragraphe par $(E, \mathscr{E})$ un espace métrisable compact, muni du pavage formé par ses parties compactes: la mosaïque engendrée par $\mathscr{E}$ coïncide avec la tribu borélienne $\mathscr{B}(E)$ de E. Nous désignerons d'autre part par I une capacité régulière sur E. Cette capacité n'apparaitra explicitement qu'à l'intérieur des démonstrations: tous les concepts introduits ne dépendent en fait que de la classe $\mathscr{N}$ des ensembles I-négligeables.

Ensembles minces

D9 *Définition.*— *Un borélien B de E est dit* épais *s'il contient une infinité non dénombrable de boréliens disjoints non négligeables. Un borélien est dit* mince *s'il n'est pas épais. Une partie quelconque de E est dite* mince *si elle est contenue dans un borélien mince, et* épaisse *sinon.*

Dans la définition, on peut remplacer «boréliens disjoints» par «compacts disjoints» d'après le théorème de capacitabilité (cf I-T31). Nous verrons au no 19 qu'on peut mesurer l'épaisseur d'un ensemble à l'aide d'une précapacité régulière.

La proposition suivante donne des définitions «positives» d'un borélien mince. Elle exprime qu'un borélien M est mince si et seulement si toute famille (M_j) de parties boréliennes de M admet un «ess. sup.», ou un «ess. inf.» par rapport à la capacité I.

T10 *Théorème.*— *Soit M un borélien de E. Les assertions suivantes sont équivalentes*:

a) *M est mince,*

b) *si $(M_j)_{j \in J}$ est une famille de parties boréliennes de M, il existe un sous-ensemble* dénombrable J_0 *de J tel que l'ensemble*

$$M_j - \left(\bigcup_{k \in J_0} M_k \right)$$

soit négligeable pour tout $j \in J$,

c) *si $(M_j)_{j \in J}$ est une famille de parties boréliennes de M, il existe un sous-ensemble* dénombrable J_0 *de J tel que l'ensemble*

$$\left(\bigcap_{k \in J_0} M_k \right) - M_j$$

soit négligeable pour tout $j \in J$.

Démonstration.— b) est équivalent à c) par passage au complémentaire relativement à M. b) entraine a) d'après la définition des ensembles épais. Nous allons montrer que non b) entraine non a). Supposons qu'il existe une famille $(M_j)_{j \in J}$ de parties boréliennes de M telle que, pour chaque sous-ensemble dénombrable J_0 de J, il existe un indice j_0 tel que l'ensemble

$$M_{j_0} - \left(\bigcup_{k \in J_0} M_k \right)$$

ne soit pas négligeable. Désignons alors par $\mathscr{F}$ l'ensemble des familles (F_α) de parties boréliennes disjointes de M et non négligeables telles que chaque F_α soit de la forme

$$M_{j_\alpha} - \left(\bigcup_{k \in J_\alpha} M_k \right),$$

où $j_\alpha \in J$ et J_α est un sous-ensemble dénombrable de J. L'ensemble $\mathscr{F}$ n'est pas vide et est inductif pour la relation d'ordre d'inclusion. Soit (F_β) un élément maximal de $\mathscr{F}$. Nous allons montrer que l'ensemble des indices β n'est pas dénombrable, ce qui entrainera que M est épais. Si l'ensemble des indices β était dénombrable, il existerait un indice $j \in J$ tel que l'ensemble

$$M_j - \left(\bigcup_\beta M_{j_\beta} \right)$$

soit non négligeable. Comme cet ensemble est disjoint de tous les F_β, il pourrait être adjoint à la famille (F_β): or, la famille (F_β) est maximale. Donc l'ensemble des indices β est non dénombrable. $\Box$

D11 *Définition.—* Un ensemble $\mathscr{H}$ de parties de E est appelé une horde s'il satisfait aux conditions suivantes

    a) *tout élément de $\mathscr{H}$ est contenu dans un borélien appartenant à $\mathscr{H}$,*
    b) *l'ensemble $\mathscr{H}$ est héréditaire et stable pour $(\cup d)$,*
    c) *l'ensemble $\mathscr{H}$ contient toutes les parties négligeables de E.*

L'ensemble $\mathscr{N}$ des parties négligeables est la plus petite horde. Il résulte de la proposition suivante que les ensembles minces forment aussi une horde.

T12 *Théorème.—* Un ensemble borélien M est mince si et seulement s'il existe une suite (K_n) de compacts minces et un borélien négligeable N tels que

$$M = \left(\bigcup_n K_n \right) \cup N.$$

Il existe alors une telle représentation où les compacts K_n sont disjoints entre eux et disjoints de N.

Démonstration.— Démontrons d'abord la condition nécessaire. On peut supposer M mince, mais non négligeable. Soit alors $\mathscr{F}$ l'ensemble des familles de compacts disjoints non négligeables contenu dans M:

$\mathcal{F}$ n'est pas vide d'après I-T31, et est inductif pour la relation d'ordre d'inclusion. D'autre part, il résulte de D9 que tout élément de $\mathcal{F}$ est une famille dénombrable. On peut alors prendre pour suite (K_n) un élément maximal de $\mathcal{F}$ et poser $N = M - \left(\bigcup_n K_n \right)$, qui est négligeable d'après I-T31. Pour établir la condition suffisante, il suffit de montrer que la réunion M d'une suite (M_n) de boréliens minces est encore mince. Si l'ensemble M était épais, il contiendrait les éléments d'une famille non dénombrable $(B_j)_{j \in J}$ de boréliens non négligeables. Comme $\mathcal{N}$ est stable pour $(\vee d)$, il existerait alors une application $j \to n(j)$ de J dans $\mathbb{N}$ tel que l'ensemble $B_j \cap M_{n(j)}$ ne soit pas négligeable, et donc un entier n tel que $B_j \cap M_n$ ne soit pas négligeable pour une infinité non dénombrable d'indices j: cela contredirait le fait que M_n est mince. Donc l'ensemble M est mince. ☐

Les ensembles σ-finis que nous allons définir maintenant forment une horde d'ensembles minces intéressante.

D13 *Définition.— Un borélien M est dit I-σ-fini s'il existe une mesure σ-finie μ sur $(E, \mathcal{B}(E))$ vérifiant la condition suivante: les ensembles μ-négligeables contenus dans M sont I-négligeables. Une partie quelconque de E est dite I-σ-finie si elle est contenue dans un borélien I-σ-fini.*

On peut évidemment supposer μ bornée, toute mesure σ-finie étant équivalente à une mesure bornée; lorsque M est négligeable, on peut prendre $\mu = 0$. Il résulte d'autre part du lemme suivant de la théorie de la mesure (qui mériterait d'être «classique») que l'on peut choisir μ de sorte que les ensembles μ-négligeables contenus dans M coïncident avec les ensembles I-négligeables contenus dans M.

T14 *Théorème.— Soit μ une mesure σ-finie sur un espace mesurable $(\Omega, \mathcal{F})$, et soit $\mathcal{G}$ un sous-ensemble de $\mathcal{F}$ stable pour $(\vee d)$. La mesure μ se décompose d'une manière unique en une somme $\mu = \mu_1 + \mu_2$, où μ_1 est portée par un élément de $\mathcal{G}$ et μ_2 ne charge pas les éléments de $\mathcal{G}$.*

Démonstration.— Soit (Ω_k) une partition de Ω en parties mesurables telles que $\mu(\Omega_k) < +\infty$ pour chaque k, et soit $(\nu_j)_{j \in J}$ la famille filtrante croissante des mesures σ-finies portées par un élément de $\mathcal{G}$ (dépendant de la mesure) et majorées par μ. Pour chaque k, il existe une suite (ν_n^k) extraite de (ν_j) telle que $\sup_n \nu_n^k(\Omega_k) = \sup_j \nu_j(\Omega_k)$. Posons alors $\mu_1 = \sup_{k,n} \nu_n^k$: la mesure μ_1 est portée par un élément de $\mathcal{G}$, et c'est le plus grand élément de la famille (ν_i) (car, pour tout k et tout j, $(\mu_1 \vee \nu_j)(\Omega_k) = \mu_1(\Omega_k)$). Il est clair alors que $\mu_2 = \mu - \mu_1$ ne charge aucun élément de $\mathcal{G}$. Enfin, l'unicité est évidente. ☐

Nous allons donner maintenant une série d'exemples. Comme nous les retrouverons plus loin, leur numérotation sera conservée par la suite.

Exemples

15   0) Soit I la mesure extérieure associée à une mesure μ sur E. Les ensembles I-négligeables sont les ensembles μ-négligeables. Toutes les parties de E sont minces, et même σ-finies.

1) Prenons pour I la capacité qui vaut 0 sur la partie vide et 1 sur les autres parties de E. L'ensemble vide est le seul ensemble négligeable. Les ensembles minces sont les ensembles dénombrables, qui sont aussi les ensembles σ-finis.

2) L'exemple suivant généralise les deux précédents. Soit V un ensemble de mesures sur E compact pour la topologie vague (i.e. la topologie de la convergence simple sur les fonctions continues). Pour tout borélien B de E, posons

$$I(B) = \sup_{\mu \in V} \mu(B)$$

et prolongeons I en posant $I(A) = \inf I(B)$, $B \supset A$, $B \in \mathscr{B}(E)$ pour toute partie A de E. Alors I est une précapacité régulière. D'autre part, pour toute partie compacte K de E, l'application $\mu \to \mu(K)$ est semi-continue supérieurement pour la topologie vague. Comme V est un compact vague, il résulte du théorème du minimax (cf Meyer [31]-X-6) que I «descend» sur les compacts. Une partie de E est I-négligeable si elle est contenue dans un borélien μ-négligeable pour toutes les mesures $\mu \in V$. Un borélien B tel que l'ensemble $\{\mu \in V : \mu(B) > 0\}$ soit dénombrable est I-σ-fini. L'ensemble des parties de E contenues dans un borélien (dépendant de la partie) vérifiant cette propriété est une horde d'ensembles I-σ-finis.

3) Supposons que E soit un espace *métrique* compact. Soit h une fonction monotone, croissante et *continue* de $\mathbb{R}_+$ dans $\mathbb{R}_+$: telle que $h(t) > 0$ pour $t > 0$. Pour tout $\varepsilon > 0$ et toute partie A non vide de E, posons

$$\Lambda_\varepsilon^h(A) = \inf_{\Phi_\varepsilon} \sum_n h[\delta(K_n)]$$

où $\delta(.)$ est le diamètre associé à la métrique, (K_n) un recouvrement de A par des compacts K_n de diamètre $\delta(K_n) \leq \varepsilon$, et Φ_ε l'ensemble de ces recouvrements. Posons d'autre part $\Lambda_\varepsilon^h(\emptyset) = 0$. Soit alors pour toute partie A de E

$$\Lambda^h(A) = \sup_{\varepsilon > 0} \Lambda_\varepsilon^h(A) = \lim_{\varepsilon \to 0} \Lambda_\varepsilon^h(A).$$

La fonction d'ensemble Λ^h est appelée la *h-mesure de* Hausdorff[1]. C'est une mesure extérieure régulière (au sens de Carathéodory) et on sait que tous les boréliens sont Λ^h-mesurables (cf Federer [27]). Désignons d'autre part par I la fonction d'ensemble Λ_d^h, où d est le diamètre de E:

---

[1] cf le livre récent de C. A. Rogers: Hausdorff measures (Cambridge University Press, 1970) (note sur épreuves).

I est une capacité régulière (la vérification des conditions du no 7 est assez simple, exceptée celle de la «montée» de I qui résulte d'une analyse fine des mesures de Hausdorff: cf Sion et Sjerve [41], et Davies [14]). Les ensembles I-négligeables sont identiques aux ensembles Λ^h-négligeables. Les ensembles σ-finis pour la mesure de Hausdorff Λ^h forment une horde d'ensembles I-σ-finis.

4) L'exemple suivant fait appel aux définitions et notations habituelles de la théorie des processus de Markov pour lesquelles nous renvoyons le lecteur au livre de Blumenthal et Getoor [1]. Soit (P_t) un semi-groupe de Hunt sur E et désignons par $(\Omega, (\mathscr{F}_t), (X_t), P^{\cdot})$ sa réalisation canonique. On suppose de plus que (P_t) vérifie l'hypothèse de continuité absolue: il existe une loi de probabilité λ sur E telle que les ensembles de potentiel nul soient les ensembles λ-négligeables. Soit B un borélien, désignons par T_B le temps d'entrée dans B et posons

$$I(B) = P^{\lambda}\{T_B < +\infty\}.$$

Prolongeons I en posant $I(A) = \inf I(B)$, $B \supset A$, $B \in \mathscr{B}(E)$: I est une capacité régulière et les ensembles I-négligeables sont les ensembles polaires tandis que les ensembles semi-polaires forment une horde d'ensembles I-σ-finis. Le fait qu'ils forment une horde résulte de leur définition. Enfin, si B est un borélien semi-polaire, il existe d'après un théorème de Hunt une suite (T_n) de variables aléatoires positives telle que l'ensemble $\{(t, \omega): X_t(\omega) \in B\}$ soit égal à la réunion des graphes des T_n. Pour toute fonction borélienne bornée f sur E, posons

$$\mu(f) = \sum_n 2^{-n} E^{\lambda}[f \circ X_{T_n} \cdot I_{\{T_n < +\infty\}}].$$

On définit ainsi une mesure bornée μ portée par B tel que tout ensemble μ-négligeable contenu dans B soit polaire: B est donc I-σ-fini.

Étude des hordes d'ensembles minces

La proposition suivante permet souvent de comparer deux hordes d'ensembles minces.

T16 *Théorème.— Soient M un borélien mince et $\mathscr{H}$ une horde de parties de E. Pour que M appartienne à $\mathscr{H}$, (il faut et) il suffit que toute partie compacte non négligeable de M contienne un borélien non négligeable appartenant à $\mathscr{H}$.*

Démonstration.— La nécessité est triviale. Démontrons la suffisance: on peut supposer M non négligeable. Soit $(M_j)_{j \in J}$ la famille filtrante croissante des parties boréliennes de M appartenant à $\mathscr{H}$: cette famille n'est pas vide d'après I-T31 et l'hypothèse faite sur M. Soit J_0 un sous-ensemble dénombrable de J tel que $M_j - \left(\bigcup_{k \in J_0} M_k \right)$ soit négligeable

pour tout $j \in J$ (cf T10). Il résulte alors à nouveau de I-T31 et de l'hypothèse faite sur M que l'ensemble $M - \left(\bigcup_{k \in J_0} M_k \right)$ est négligeable. Comme
$\mathscr{H}$ contient $\mathscr{N}$, il est clair alors que M appartient à $\mathscr{H}$.   ☐

Voici en particulier un cas où l'on peut affirmer que la horde des
ensembles minces coïncide avec la horde des ensembles σ-finis.

T17   *Théorème.— Soit L l'ensemble des mesures λ sur E qui ne chargent
aucun borélien I-négligeable. Si tout borélien λ-négligeable pour toute $\lambda \in L$
est I-négligeable, alors tout ensemble mince est I-σ-fini.*

Démonstration.— D'après T16, il suffit de montrer qu'un compact
mince K non négligeable contient un borélien I-σ-fini non négligeable.
Soit $\lambda \in L$ telle que $\lambda(K) \neq 0$: on peut supposer que λ est portée par K.
Soit $(M_j)_{j \in J}$ la famille filtrante décroissante des parties boréliennes de
K qui portent λ. D'après T10, il existe un sous-ensemble dénombrable J_0
de J tel que l'ensemble

$$\left(\bigcap_{k \in J_0} M_k \right) - M_j$$

soit I-négligeable (et donc λ-négligeable puisque λ appartient à L) pour
tout $j \in J$. L'ensemble borélien $M = \left(\bigcap_{k \in J_0} M_k \right)$ porte λ et tout borélien
λ-négligeable contenu dans M est I-négligeable: donc M est un borélien
I-σ-fini non négligeable contenu dans K.   ☐

Exemples.— 15-3): Lorsque E est un compact de $\mathbb{R}^n$, on a le résultat
suivant, dû à Besicovitch et Davies (cf Carleson [3]): tout borélien non
négligeable contient un compact de Λ^h-mesure finie non nulle. Les
ensembles minces pour I sont donc les ensembles σ-finis pour la mesure
de Hausdorff Λ^h d'après T16. Mais on peut donner un exemple d'espace
métrique E et de fonction h tels que tout borélien mince soit négligeable
alors que E est épais (cf Davies et Rogers [15]). On ne sait s'il y a identité
entre ensembles Λ^h-σ-finis, ensembles I-σ-finis et ensembles minces dans
le cas général.

15-4): Dans le cas d'un processus de Hunt, les conditions de T17 sont
vérifiées (c'est une conséquence facile du théorème de section I-T37). La
horde des ensembles minces coïncide donc avec la horde des ensembles I-σ-
finis. Les ensembles semi-polaires sont σ-finis, la réciproque étant fausse s'il
existe des points réguliers pour eux-mêmes. Dans le cas où les points sont
semi-polaires, il est probable que tout ensemble mince est semi-polaire
(Choquet [5] signale ce résultat sans démonstration pour certains noyaux
de la théorie du potentiel, et en particulier pour le noyau newtonien).

Voici enfin le théorème d'approximation par en dessous annoncé dans
l'introduction. Les formulations a) et b) que nous en donnons sont
évidemment équivalentes. Après en avoir ébauché la démonstration,

nous reviendrons aux exemples de 15 pour terminer la démonstration à la rubrique suivante.

T18　*Théorème.*— a) *Soient M un borélien et $\mathcal{H}$ une horde de parties minces de E. Pour que M appartienne à $\mathcal{H}$, (il faut et) il suffit que tout compact inclus dans M appartienne à $\mathcal{H}$.*

b) *Soient B un borélien et $\mathcal{H}$ une horde de parties minces de E. Si B n'appartient pas à $\mathcal{H}$, alors B contient un compact qui n'appartient pas à $\mathcal{H}$.*

Démonstration.— Nous démontrerons le théorème sous sa forme b). Supposons d'abord que $B \notin \mathcal{H}$ soit mince: il résulte de T12 que B est la réunion d'une suite de compacts et d'un ensemble négligeable. Il est alors clair que B contient un compact $K \notin \mathcal{H}$. Comme les ensembles minces forment une horde $\mathcal{M}$, nous nous sommes ainsi ramenés au cas où $\mathcal{H} = \mathcal{M}$. Autrement dit, nous devons montrer qu'un borélien épais contient un compact épais. C'est ce que nous établirons après la revue des exemples de 15. □

Exemples.— 15-1) On retrouve le théorème de Alexandrov-Hausdorff (cf T4): tout borélien non dénombrable contient un compact non dénombrable. C'est en fait pour donner une nouvelle démonstration de ce théorème que Sierpinski a introduit dans [39] les rabotages.

15-2) Si V est un compact vague de mesures sur E, et si un borélien B n'est pas μ-négligeable pour une infinité non dénombrable de $\mu \in V$, il existe un compact contenu dans B ayant la même propriété.

15-3) Si un borélien B n'est pas σ-fini pour une mesure de Hausdorff Λ^h, il contient un compact qui n'est pas σ-fini pour Λ^h. Ce théorème est dû à Davies [12] lorsque E est un compact de $\mathbb{R}^n$, et à Sion et Sjerve [41] dans le cas général.

15-4) Si B est un borélien qui n'est pas semi-polaire pour un semi-groupe de Hunt (vérifiant l'hypothèse de continuité absolue), alors B contient un compact qui n'est pas semi-polaire. Sous cette forme [2], ce théorème provient de Dellacherie [18].

Démonstration de T18

Rappelons que nous devons montrer qu'un borélien épais contient un compact épais. Nous allons en fait démontrer un résultat plus précis grâce à la notion d'épaisseur que nous allons introduire maintenant.

19　Soit B un borélien épais. Par définition, B contient les éléments d'une famille non dénombrable $(B_t)_{t \in T}$ de boréliens disjoints non négli-

---

[2] En fait, ce résultat est encore vrai pour un semi-groupe fortement markovien, vérifiant l'hypothèse de continuité absolue, dont l'espace d'états E est un borélien d'un espace compact métrisable.

geables: il existe donc un nombre $\varepsilon > 0$ tel que l'ensemble $\{t \in T : I(B_t) > \varepsilon\}$ ne soit pas dénombrable. Nous appellerons *épaisseur* de B le nombre $J(B)$ égal à la borne supérieure des réels positifs ε tels qu'il existe une famille non dénombrable de boréliens disjoints contenus dans B et tous de capacité $> \varepsilon$: $J(B)$ est strictement positif, égal éventuellement à $+\infty$. On prolonge J en posant $J(M) = 0$ si M est un borélien mince, et $J(A) = \inf J(B)$, $B \supset A$, $B \in \mathscr{B}(E)$ pour toute partie A de E.

T20 *Théorème.— L'épaisseur J est une précapacité régulière sur $(E, \mathscr{E})$.*

Démonstration.— La fonction J vérifie évidemment les conditions 7-a), b) et e), et aussi la condition 7-d), car les ensembles J-négligeables sont les ensembles minces. Il nous reste à montrer que J vérifie la condition 7-c), c'est à dire que, si (A_n) est une suite croissante de parties de E,

$$J(A) = \sup J(A_n) \quad \text{où} \quad A = \cup A_n.$$

Comme toute partie de E est contenue dans un borélien de même épaisseur, il est clair que l'on peut supposer les A_n boréliens (et non minces). Soit $\varepsilon < J(A)$ et désignons par $(B_t)_{t \in T}$ une famille non dénombrable de boréliens disjoints contenus dans A et de capacité $> \varepsilon$. Comme I vérifie la condition 7-c), il existe une application $t \to n(t)$ de T dans $\mathbb{N}$ telle que l'on ait, pour tout $t \in T$,

$$I(A_{n(t)} \cap B_t) > \varepsilon.$$

L'ensemble T n'étant pas dénombrable, il existe alors un entier n tel que l'ensemble

$$\{t \in T : I(A_n \cap B_t) > \varepsilon\}$$

ne soit pas dénombrable: cela entraine que $J(A_n)$ est supérieur à ε. Donc on a $J(A) = \sup J(A_n)$. $\square$

L'épaisseur J n'est pas en général une capacité: dans l'exemple 15-1), il existe, dès que E n'est pas dénombrable, des suites décroissantes de compacts non dénombrables dont l'intersection est dénombrable. Cependant, on obtient pour ce type de précapacité un théorème d'approximation analogue au théorème de capacitabilité. Comme les ensembles minces sont les ensembles J-négligeables, ce théorème entraine évidemment que tout borélien épais contient un compact épais.

T21 *Théorème.— Pour tout borélien B, on a*

$$J(B) = \sup J(K), \quad K \subset B, K \in \mathscr{E}.$$

Démonstration.— On peut évidemment supposer B épais. Nous devons montrer que si pour un $\varepsilon > 0$ on a $J(B) > \varepsilon$, alors B contient un compact K tel que $J(K) \geq \varepsilon$. Soient donc $\varepsilon > 0$ tel que $J(B) > \varepsilon$, et (B_t) une famille non dénombrable de boréliens disjoints contenus dans B et de capacité $> \varepsilon$. Nous supposerons de plus que les ensembles B_t sont *compacts*, ce qui est toujours possible d'après I-T31. Désignons par $\mathscr{C}$ l'ensemble des parties A de E telles que l'ensemble

$$T_A = \{t \in T : I(A \cap B_t) > \varepsilon\}$$

ne soit pas dénombrable, et supposons démontré que $\mathscr{C}$ soit une capacitance scissipare. On peut alors appliquer T3, dont nous gardons les notations: B contient un compact K, réunion d'une famille non dénombrable (K_i) de compacts disjoints tels que, pour chaque i, K_i soit l'intersection d'une suite décroissante $(K_{i,n})$ de compacts appartenant à $\mathscr{C}$. En particulier, on a $I(K_{i,n}) > \varepsilon$ pour tout i et tout n, et donc $I(K_i) \geqq \varepsilon$ pour tout i. Il en résulte que $J(K)$ est supérieur ou égal à ε. Il nous reste donc à démontrer que $\mathscr{C}$ est une capacitance scissipare: ce sera l'objet des deux lemmes qui vont suivre. ☐

Lemme.— L'ensemble $\mathscr{C}$ est une capacitance.

Démonstration.— Elle est analogue à celle de la seconde partie de T20. Soit (A_n) une suite croissante dont la réunion A appartient à $\mathscr{C}$. L'ensemble $T_A = \{t \in T : I(A \cap B_t) > \varepsilon\}$ n'est pas dénombrable par définition, et il existe une application $t \to n(t)$ de T_A dans $\mathbb{N}$ telle que $I(A_{n(t)} \cap B_t) > \varepsilon$ pour tout $t \in T_A$. Il existe alors un entier n tel que l'ensemble $\{t \in T_A : I(A_n \cap B_t) > \varepsilon\}$ ne soit pas dénombrable: cela signifie que A_n appartient à $\mathscr{C}$. Il est alors clair que $\mathscr{C}$ est une capacitance. ☐

Pour démontrer que $\mathscr{C}$ est scissipare, nous allons utiliser à nouveau la notion de point de condensation, mais en l'appliquant cette fois à la topologie de Hausdorff sur les parties compactes de E. Rappelons d'abord la définition de cette topologie. Soit d une distance sur E compatible avec sa topologie, et désignons par X l'ensemble des parties compactes non vides de E. On définit une distance δ sur X en posant, si (L_1, L_2) appartient à $X \times X$,

$$\delta(L_1, L_2) = \inf\{\alpha > 0 : L_1 \subset L_2^\alpha \text{ et } L_2 \subset L_1^\alpha\},$$

où L^α désigne le voisinage ouvert d'ordre α du compact L dans E pour la distance d. Muni de cette distance δ, l'espace X est métrique compact (cf Kuratowski [29]). On remarquera que, si L est un compact non vide de E, et si V est un voisinage de L dans E, les parties compactes non vides de E contenues dans V forment un voisinage de L dans X.

Lemme.— La capacitance $\mathscr{C}$ est scissipare.

Démonstration.— Soient A un élément de $\mathscr{C}$, et

$$T_A = \{t \in T : I(A \cap B_t) > \varepsilon\}.$$

La famille de compacts $(B_t)_{t \in T_A}$ est un ensemble non dénombrable de l'espace métrique compact X: elle contient donc deux compacts (disjoints) B_{t_0} et B_{t_1} qui sont des points de condensation de cette famille dans X. Désignons par $\Phi_0(A)$ et $\Phi_1(A)$ deux voisinages compacts disjoints de B_{t_0} et de B_{t_1} respectivement dans E. Comme chacun des $\Phi_i(A)$ ($i = 0, 1$) contient une infinité non dénombrable d'éléments de la famille $(B_t)_{t \in T_A}$, les ensembles $\Phi_0(A) \cap A$ et $\Phi_1(A) \cap A$ appartiennent à $\mathscr{C}$: la capacitance $\mathscr{C}$ est donc scissipare. ☐

Notons enfin le raffinement intéressant de T21 obtenu en utilisant T5 au lieu de T3 dans la démonstration. Il entraine en particulier que tout borélien épais contient un compact épais qui est lui-même la réunion de 2^N compacts épais.

T22 *Théorème.*— *Soit B un borélien épais. Pour tout $\varepsilon < J(B)$, il existe un compact K inclus dans B, égal à la réunion de 2^N compacts d'épaisseur $\geq \varepsilon$.*

3. Ensembles minces: Cas abstrait

23 Maintenant, $(E, \mathscr{E})$ désigne un espace pavé où $\mathscr{E}$ est un pavage stable pour $(\cap d)$. Nous supposerons de plus que le pavage $\mathscr{E}$ vérifie l'une des deux conditions suivantes:

α) le complémentaire d'un élément de $\mathscr{E}$ est un élément de $\mathscr{E}_\sigma$,

β) le pavage $\mathscr{E}$ est compact, et le complémentaire d'un élément de $\mathscr{E}$ est un élément de $\hat{\mathscr{E}}$.

Dans les deux cas, la mosaïque $\hat{\mathscr{E}}$ engendrée par $\mathscr{E}$ coïncide avec la tribu engendrée par $\mathscr{E}$. On remarquera que les conditions α) et β) sont toutes deux vérifiées dans le cas topologique.

On désigne à nouveau par I une capacité régulière sur $(E, \mathscr{E})$. La théorie se développe alors exactement comme dans le cas topologique de la définition D9 au théorème T20 inclus: il suffit de remplacer «compact» par «élément du pavage $\mathscr{E}$», et «borélien» par «élément de la mosaïque (ou tribu) $\hat{\mathscr{E}}$». Mais on ne peut pas adapter la démonstration du théorème T21 qui utilise un argument essentiellement topologique. Il se peut d'ailleurs qu'il n'existe aucune capacitance scissipare non triviale sur E dans le cas abstrait. Voici un exemple de cette situation:

Exemple.— Prenons pour E un ensemble non dénombrable, et soit $\mathscr{E}$ le pavage stable pour $(\cap d)$ engendré par les parties de la forme $\{x\}$ ou $E - \{x\}$ lorsque x parcourt l'ensemble des points de E: la partie A de E appartient à $\mathscr{E}$ si A a un nombre fini d'éléments ou si A^c est dénombrable.

Le pavage $\mathscr{E}$ est compact, et $\hat{\mathscr{E}}$ est égal à $\mathscr{E}_\sigma$. Comme l'intersection de deux éléments non dénombrables de $\mathscr{E}$ n'est jamais vide, il ne peut exister de capacitance $\mathscr{E}$ scissipare (différence de $\mathfrak{P}(E)$). Soit alors I la capacité régulière sur $(E, \mathscr{E})$ égale à 0 sur la partie vide et à 1 sur les autres parties de E : E est épais, et deux parties épaisses de E ont une intersection non vide.

Nous nous contenterons donc de donner une démonstration de l'analogue de T18 dans le cas abstrait. Nous allons pour cela introduire la notion de précapacité associée à une horde; cette notion peut être évidemment introduite également dans le cas topologique.

Étude des hordes d'ensembles minces

24 Lorsqu'une précapacité régulière J est majorée par la capacité I, l'ensemble des parties J-négligeables est une horde. Réciproquement, à toute horde $\mathscr{H}$ on peut associer une précapacité régulière de la manière suivante : posons, pour tout élément B de $\overset{\wedge}{\mathscr{E}}$,

$$J(B) = \inf I(B - M), \quad M \in \mathscr{H} \wedge \overset{\wedge}{\mathscr{E}}.$$

Comme $\mathscr{H}$ est stable pour $(\cup d)$, la borne inférieure est atteinte. On verifie aisément que $J(B) = 0$ si et seulement si B appartient à $\mathscr{H}$, et que l'on a $J(\cup B_n) = \sup J(B_n)$ pour toute suite croissante (B_n) d'éléments de $\overset{\wedge}{\mathscr{E}}$. Prolongeons J en posant $J(A) = \inf J(B)$, $B \supset A$, $B \in \overset{\wedge}{\mathscr{E}}$: la fonction J ainsi obtenue, appelée la *précapacité associée à la horde* $\mathscr{H}$, est une précapacité régulière, majorée par I, telle que $\mathscr{H}$ soit égale à l'ensemble des parties J-négligeables. De plus, J a la propriété suivante :

$$\text{si } J(M) = 0, \text{ alors } J(A \cup M) = J(A) \text{ pour tout } A \in \mathfrak{P}(E). \quad (*)$$

Nous allons maintenant établir un théorème faible d'approximation pour les précapacités majorées par I. La version abstraite de T18 en sera alors un corollaire immédiat d'après ce qui précède.

T25 *Théorème.—* Soit J *une précapacité régulière sur* $(E, \mathscr{E})$ *majorée par la capacité* I, *et soit* B *un élément de* $\overset{\wedge}{\mathscr{E}}$ *qui ne soit pas* J-*négligeable. Alors, l'une des conditions suivantes est satisfaite:*

  a) *L'ensemble* B *contient un élément de* $\mathscr{E}$ *qui n'est pas* J-*négligeable.*
  b) *L'ensemble* B *contient un élément épais de* $\mathscr{E}$.

Démonstration.— On peut supposer que J vérifie la propriété (*), quitte à remplacer J par la précapacité associée à la horde des ensembles J-négligeables. Supposons que la condition a) ne soit pas satisfaite. Nous allons montrer que la condition b) est alors satisfaite. Soit ε un réel tel que $0 < \varepsilon < J(B)$ et désignons par $\mathscr{C}$ la capacitance $\{A : J(A \cap B) > \varepsilon\}$. Supposons démontré que la capacitance $\mathscr{C}$ soit scissipare. Comme dans la démonstration de T21, on peut alors appliquer T3 : B contient un élément K de $\mathscr{E}$, égal à la réunion d'une famille non dénombrable (K_i) d'éléments disjoints de $\mathscr{E}$ tels que, pour chaque i, K_i soit l'intersection d'une suite décroissante $(K_{i,n})$ d'éléments de $\mathscr{E} \cap \mathscr{C}$. Comme J est majorée par I, on a $I(K_{i,n}) > \varepsilon$ pour tout (i, n) et donc $I(K_i) \geqq \varepsilon$ pour tout i. Il en résulte que K est un élément épais de $\mathscr{E}$. Il nous reste donc à démontrer que $\mathscr{C}$ est scissipare (lorsque la condition a), n'est pas satisfaite). Soit A un élément de $\mathscr{C}$ et désignons par $\mathscr{C}_A$ la restriction de $\mathscr{C}$ à A (cf le no 1 ; on notera que $\mathscr{C}_B$ est égale à $\mathscr{C}$). Nous devons montrer que la capacitance $\mathscr{C}_A$ contient deux éléments disjoints E_0 et E_1 de $\mathscr{E}$. Comme B appartient à $\mathscr{C}_A \cap \overset{\wedge}{\mathscr{E}}$, il existe d'après I-T24 une suite décroissante (K_n) d'éléments de $\mathscr{C}_A \cap \mathscr{E}$ telle que B contienne $\bigcap_n K_n$. Ce dernier étant J-négligeable par hypothèse, on a

$$J(A \cap B) = J\left(A \cap \left(B - \bigcap_n K_n\right)\right) :$$ autrement dit, l'ensemble $\bigcup_n K_n^c$ appartient à $\mathscr{C}_A$. Nous allons maintenant considérer séparément les cas où le pavage $\mathscr{E}$ vérifie la condition 23-α) ou la condition 23-β) :

α) La suite (K_n^c) étant croissante, il existe un entier p tel que K_p^c appartienne à la capacitance $\mathscr{C}_A$. Mais comme K_p^c est lui-même la réunion d'une suite croissante (L_n) d'éléments de $\mathscr{E}$ (cf 23-α)), il existe un entier q tel que L_q appartienne à $\mathscr{C}_A$. Il suffit alors de poser $E_0 = K_p$ et $E_1 = L_q$.

β) L'ensemble $\bigcup_n K_n^c$ appartenant à $\mathscr{C}_A \cap \overset{\wedge}{\mathscr{E}}$, nous pouvons appliquer à nouveau I-T24. Il existe une suite décroissante (L_n) d'éléments de $\mathscr{C}_A \cap \mathscr{E}$ telle que $\bigcup_n K_n^c$ contienne $\bigcap_n L_n$. Comme les ensembles $\bigcap_n K_n$ et $\bigcap_n L_n$ sont disjoints, et que le pavage $\mathscr{E}$ est compact (cf 23-β)), il existe un entier n tel que K_n et L_n soient disjoints. Il suffit alors de poser $E_0 = K_n$ et $E_1 = L_n$. ☐

Lorsque J est la précapacité associée à une horde d'ensembles minces, on obtient alors le théorème d'approximation.

T26 *Théorème.— Soient B un élément de $\overset{\wedge}{\mathscr{E}}$ et $\mathscr{H}$ une horde de parties minces de E. Si B n'appartient pas à $\mathscr{H}$, alors B contient un élément de $\mathscr{E}$ qui n'appartient pas à $\mathscr{H}$.*

Remarque.— Dans le cas abstrait, il n'est pas vrai en général qu'un élément épais de $\overset{\wedge}{\mathscr{E}}$ contient un élément épais de $\mathscr{E}$ qui soit lui-même la réunion d'une famille de 2^N éléments épais de $\mathscr{E}$.

L'exemple suivant sera abordé différemment et développé au chapitre VI.

27 *Exemple.—* Soit $(\Omega, \mathscr{F}, P)$ un espace probabilisé complet. Posons $E = \mathbb{R}_+ \times \Omega$, et désignons par $\mathscr{E}$ le pavage sur E constitué par les éléments K de $\mathscr{B}(\mathbb{R}_+) \stackrel{\wedge}{\otimes} \mathscr{F}$ tels que, pour chaque $\omega \in \Omega$, la coupe $K(\omega)$ soit un compact de $\mathbb{R}_+$. Le pavage $\mathscr{E}$ n'est pas compact en général, mais on peut montrer qu'il vérifie la condition 23-α), et la mosaïque $\stackrel{\wedge}{\mathscr{E}}$ est égale à la tribu $\mathscr{B}(\mathbb{R}_+) \stackrel{\wedge}{\otimes} \mathscr{F}$. Désignons par π la projection de $\mathbb{R}_+ \times \Omega$ sur Ω, et posons, pour toute partie A de E,

$$I(A) = P^*[\pi(A)].$$

Nous laissons au lecteur le soin de vérifier que I est une capacité régulière: c'est essentiellement la même capacité que celle de l'exemple I-29-3). Une partie de $\mathbb{R}_+ \times \Omega$ est I-négligeable si sa projection sur Ω est P-négligeable. Le graphe $[Z]$ d'une v.a. positive Z (à valeurs finies ou non) est un élément I-σ-fini de $\mathscr{E}$: en effet, la mesure μ sur $(E, \stackrel{\wedge}{\mathscr{E}})$ définie par

$$\mu(A) = P[\pi(A \cap [Z])], \quad A \in \stackrel{\wedge}{\mathscr{E}}$$

ne charge pas les ensembles I-négligeables et $A \cap [Z]$ est I-négligeable si $\mu(A) = 0$ (noter que $\pi(A \cap [Z])$ appartient à $\mathscr{F}$ si A appartient à $\stackrel{\wedge}{\mathscr{E}}$ d'après I-T32). Désignons par $\mathscr{H}$ la horde constituée par les parties A de E qui sont contenues dans une réunion dénombrable de graphes de v.a. positives à un ensemble I-négligeable près. Il résulte du théorème de section I-T37 et du théorème T16 que $\mathscr{H}$ est égale à la horde de tous les ensembles minces (et aussi à celle des ensembles I-σ-finis). En particulier, si A est un élément mince de $\stackrel{\wedge}{\mathscr{E}}$, l'ensemble $\{\omega \in \Omega : A(\omega)$ n'est pas dénombrable$\}$ est un ensemble P-négligeable. Nous établirons la réciproque au chapitre VI: un élément A de $\stackrel{\wedge}{\mathscr{E}}$ tel que l'ensemble $\{\omega \in \Omega : A(\omega)$ n'est pas dénombrable$\}$ soit P-négligeable est contenu dans une réunion dénombrable de graphes de v.a. positives, à un ensemble I-négligeable près. Comme d'après T26 un élément épais de $\stackrel{\wedge}{\mathscr{E}}$ contient un élément épais de $\mathscr{E}$, il suffit en fait de montrer que, pour tout élément épais K de $\mathscr{E}$, l'ensemble $\{\omega \in \Omega : K(\omega)$ n'est pas dénombrable$\}$ appartient à $\mathscr{F}$ et n'est pas P-négligeable.

Appendice

Capacitances scissipares et ensembles analytiques

Soit $(E, \mathscr{E})$ un espace pavé, où $\mathscr{E}$ est stable pour $(\cap d)$. Rappelons qu'une capacitance $\mathscr{C}$ sur E est $\mathscr{E}$-scissipare si pour toute partie A de E appartenant à $\mathscr{C}$ la restriction $\mathscr{C}_A$ de $\mathscr{C}$ à A contient deux éléments disjoints $\Phi_0(A)$ et $\Phi_1(A)$ de $\mathscr{E}$. Nous allons démontrer l'analogue de T3 pour les ensembles $\mathscr{E}$-analytiques. On pourrait procéder comme dans la démonstration de T3 en utilisant I-T40, mais nous allons donner une démonstration qui ne fait pas intervenir la technique des rabotages.

T28 *Théorème.— Soit $\mathscr{C}$ une capacitance $\mathscr{E}$-scissipare et soit A un ensemble $\mathscr{E}$-analytique appartenant à $\mathscr{C}$. Il existe une famille non dénombrable (L_i) d'éléments disjoints de $\mathscr{E}$ contenus dans A et vérifiant les conditions suivantes:*

    a) pour chaque i, L_i est l'intersection d'une suite décroissante d'éléments de $\mathscr{E} \cap \mathscr{C}$,

    b) la réunion des L_i est un élément L de $\mathscr{E}$ (contenu dans A).

Démonstration.— Nous allons établir d'abord deux lemmes sous les mêmes hypothèses.

Lemme.— Soit $\mathscr{C}_A$ la restriction de $\mathscr{C}$ à A. Pour tout $B \in \mathscr{E}_\sigma \cap \mathscr{C}_A$, il existe deux éléments disjoints $\Psi_0(B)$ et $\Psi_1(B)$ de $\mathscr{E} \cap \mathscr{C}_A$ contenus dans B.

Démonstration.— Comme $B = \bigcup_n B_n$ où (B_n) est une suite croissante d'éléments de $\mathscr{E}$, il existe un entier n tel que $B_n \in \mathscr{C}_A$. Il suffit alors de poser $\Psi_i(B) = B_n \cap \Phi_i(B_n)$ pour $i = 0, 1$.

Lemme.— Le théorème T28 est vérifié lorsque A est un élément de $\mathscr{E}_{\sigma\delta}$.

Démonstration.— Nous conserverons les notations introduites dans la démonstration de T3 en ce qui concerne les mots dyadiques. Soit $A = \bigcap_q \bigcup_p A_p^q$, où pour chaque entier q, $(A_p^q)_{p \in \mathbb{N}}$ est une suite d'éléments de $\mathscr{E}$. Nous allons définir par récurrence une application $m \to L_m$ de l'ensemble D des mots dyadiques finis dans $\mathscr{E}$ telle que L_m soit un élément de $\mathscr{C}_A$ pour tout m. Posons

$$L_0 = \Psi_0\left[\bigcup_p A_p^1\right], \quad L_1 = \Psi_1\left[\bigcup_p A_p^1\right]$$

et, d'une manière générale, si m est un mot de longueur n et si L_m est défini

$$L_{m0} = \Psi_0\left[L_m \cap \left(\bigcup_p A_p^{n+1}\right)\right], \quad L_{m1} = \Psi_1\left[L_m \cap \left(\bigcup_p A_p^{n+1}\right)\right].$$

Ceci étant possible puisque $L_m \cap \left(\bigcup_p A_p^{n+1}\right)$ est un élément de $\mathscr{E}_{\sigma\delta} \cap \mathscr{C}_A$. Enfin, soit

$$L_\mu = \bigcap_n L_{\mu_n} \quad \text{pour tout} \quad \mu \in D_\infty \quad \text{et} \quad L = \bigcup_{\mu \in D_\infty} L_\mu.$$

Chaque L_μ est contenu dans A puisque L_{μ_n} est contenu dans $\bigcup_p A_p^n$; la famille (L_μ) est non dénombrable, et deux éléments distincts de cette famille sont disjoints. A des changements de notations près, il nous reste à démontrer que L appartient à $\mathscr{E}$, ce qui résulte de l'égalité

$$L = \bigcap_n \bigcup_{m \in D_n} L_m \text{ (formule de distributivité)}$$

l'ensemble D_n des mots dyadiques de longueur n étant fini.

Nous allons passer maintenant à la démonstration proprement dite de T26. Soit $(K, \mathscr{K})$ un espace pavé auxiliaire, où $\mathscr{K}$ est un pavage compact contenant $\{K\}$ — ce qu'on peut toujours supposer — et soit B un élément de $(\mathscr{K} \otimes \mathscr{E})_{\sigma\delta}$ tels que $A = \pi(B)$, où π désigne la projection de $K \times E$ sur E. Désignons par Γ la capacitance sur $K \times E$ formée par les parties H telles que $\pi(H) \in \mathscr{C}$. Cette capacitance Γ est évidemment $(\mathscr{K} \otimes \mathscr{E})_\delta$-scissipare. D'après le lemme précédent appliqué à l'espace pavé $(K \times E, (\mathscr{K} \otimes \mathscr{E})_\delta)$, à la capacitance scissipare Γ et à l'élément B de $\Gamma \cap (\mathscr{K} \otimes \mathscr{E})_{\sigma\delta}$, il existe une famille non dénombrable (K_i) d'éléments disjoints de $(\mathscr{K} \otimes \mathscr{E})_\delta$ contenus dans B telle que chaque K_i soit l'intersection d'une suite décroissante d'éléments de $\Gamma \cap (\mathscr{K} \otimes \mathscr{E})_\delta$ et que la réunion des K_i appartienne à $(\mathscr{K} \otimes \mathscr{E})_\delta$. D'après la définition de Γ et I-T7, il suffit alors de poser $L_i = \pi(K_i)$ pour obtenir une famille (L_i) vérifiant les conditions du théorème. ▯

Remarques.— 1) En reprenant la démonstration de T5, on peut obtenir un raffinement de T28 analogue à T5.

2) On notera que nous n'avons utilisé qu'une forme faible de la scissiparité de la capacitance, à savoir que tout élément de $\mathscr{C}$ appartenant au pavage $\mathscr{E}$ contient deux éléments disjoints de $\mathscr{E} \cap \mathscr{C}$.

Commentaires de la Section A

1) *Capacités.* — La notion de capacité a été introduite par Choquet dans son mémoire fondamental [4], dont une grande partie est consacrée à l'étude de la structure de certaines capacités. Le théorème de capacitabilité s'y trouve énoncé sous une forme topologique, mais Choquet remarqua plus tard que sa forme naturelle était abstraite : il établit dans [6] la capacitabilité des ensembles analytiques abstraits définis par des schémas de Souslin. Au moment même où Choquet donnait la première forme topologique dans un cadre très général (sa note aux C. R. date de 1952), Davies, travaillant sur des problèmes d'approximation par en dessous de la théorie des mesures de Hausdorff, établissait pratiquement dans [11] la forme abstraite à l'aide des schémas de Souslin. Malheureusement, il se cantonna dans l'énoncé particulier de son problème si bien que son travail passa longtemps inaperçu auprès des analystes hors de sa spécialité. Les remarquables travaux ultérieurs de Davies, sur lesquels nous reviendrons plus loin, sont d'ailleurs trop peu connus.

Les travaux de Choquet contribuèrent beaucoup au regain d'intérêt actuel pour les diverses théories des ensembles analytiques. En particulier, la première démonstration du théorème de capacitabilité donnée par Choquet [4] mettait en valeur les procédés de définition des ensembles analytiques comme images directes d'ensembles plus simples par de «bonnes fonctions», et cette définition s'étend au cas abstrait, où elle est équivalente à celle par schémas de Souslin, mais généralement beaucoup plus commode (cf Meyer [31]). Il faut signaler par ailleurs que Sion a démontré un théorème de capacitabilité de nature vraiment topologique, qui ne se ramène pas à ceux qu'on a présenté ici (cf Sion [40] ou Bourbaki [2]).

2) *Rabotages.* — Le paragraphe I-§ 2 reprend sous une forme améliorée notre exposé [18] au séminaire de probabilités de Strasbourg, qui contient également les premiers balbutiements du paragraphe II-§ 1. Les commentaires relatifs à la rubrique «applications» du paragraphe I-§ 3 se trouvent dans ceux de la section B.

Comme nous l'avons déjà indiqué, la technique des rabotages — mais non la terminologie — provient de Sierpinski [39], où elle est présentée dans un cadre topologique, la capacitance étant celle constituée par les parties non dénombrables. Les démonstrations de deux théorèmes fondamentaux (I-T21 et II-T3) sont très proches des démonstrations originales de [39], mais l'extension aux ensembles analytiques provient de [18]. Le raffinement II-T5 de II-T3 est inspiré de Davies [13], mais Sierpinski connaissait vers 1930 la forme plus forte II-T6 du théorème de Alexandrov-Hausdorff.

Les écoles russe et polonaise n'avaient guère de motivations pour chercher à établir des théorèmes d'approximation par en dessous (en dehors de la mesurabilité des ensembles analytiques de $\mathbb{R}^n$ démontrée par Lusin en 1918) : cela explique sans doute pourquoi Sierpinski n'a pas tiré meilleur profit de sa méthode, qui tomba ensuite dans l'oubli (Davies nous a cependant signalé dans une communication privée qu'il avait utilisé les rabotages dans une première version non publiée de [11]). Le théorème d'Alexandrov-Hausdorff et l'extension de Souslin ont été établis par leurs auteurs pour étudier la puissance des ensembles boréliens et analytiques (cf le titre révélateur de Sierpinski [39]) : on savait depuis Cantor qu'un compact non dénombrable de $\mathbb{R}^n$ avait la puissance du continu.

3) *Ensembles minces.*— Les paragraphes II-§ 2 et II-§ 3 reprennent sans grandes modifications notre exposé [21] au séminaire Brelot-Choquet-Deny. Nous avons ajouté ici les notions d'épaisseur et de précapacité associée à une horde, dont l'intérêt propre semble mineur, mais qui éclairent quelque peu les démonstrations. La provenance des exemples a été abondamment décrite dans le texte. D'une manière générale, ces deux paragraphes doivent beaucoup aux travaux de Davies : ainsi, l'idée d'utiliser la topologie de Hausdorff dans la démonstration de II-T21 provient de [13] tandis que la démonstration de II-T25 est adaptée de [12]. La démonstration du théorème sur les capacitances scissipares pour les ensembles analytiques que nous avons donnée en appendice est nouvelle. Les commentaires sur l'exemple II-27 sont reportés à la fin de la section B.

Chapitre III

Processus et temps d'arrêt

1. Terminologie générale

1 Dans ce chapitre, on se donne un espace probabilisé $(\Omega, \mathscr{F}, P)$, appelé *espace de base* et un espace mesurable $(E, \mathscr{E})$, appelé *espace d'états* (qui sera le plus souvent un espace métrisable compact). L'ensemble $\mathbb{R}_+$ étant interprété comme une échelle de temps, ses éléments seront appelés *instants* : on dira ainsi que l'instant s est *antérieur* (resp *strictement antérieur*) à l'instant t si l'on a $s \leqq t$ (resp $s < t$).

2 Un *processus stochastique* (ou, plus simplement, un processus) est une famille d'applications $(X_t)_{t \in \mathbb{R}_+}$ de Ω dans E telle que, pour chaque t, l'application X_t soit une variable aléatoire. Pour chaque $\omega \in \Omega$, l'application $t \to X_t(\omega)$ de $\mathbb{R}_+$ dans E est appelée la *trajectoire* de ω. Lorsque E est un espace topologique, nous dirons par abus de langage qu'un processus est (p.s.) *continu* si (presque) toutes ses trajectoires sont continues. On définit d'une manière analogue la notion de processus *continu à droite*, de processus *continu à gauche* ou de processus *admettant des limites à gauche*, en convenant que toute application de $\mathbb{R}_+$ dans E est continue à gauche à l'instant 0.

3 Le plus souvent, nous interpréterons un processus (X_t) comme étant une application $X : (t, \omega) \to X_t(\omega)$ de $\mathbb{R}_+ \times \Omega$ dans E : en particulier, nous écrirons indifféremment $X(t, \omega)$ ou $X_t(\omega)$. Sauf mention du contraire, l'ensemble $\mathbb{R}_+ \times \Omega$ sera muni tacitement de la tribu $\mathscr{B}(\mathbb{R}_+) \overset{\wedge}{\otimes} \mathscr{F}$, et nous dirons que le processus $X = (X_t)$ est *mesurable* si X est une application mesurable de $\mathbb{R}_+ \times \Omega$ dans E.

4 Un processus $X = (X_t)$ est dit *réel* (resp *réel et fini*) si son espace d'états est égal à $\overline{\mathbb{R}}$ (resp $\mathbb{R}$), et *borné* si de plus l'application X est bornée. Il est clair qu'une partie de $\mathbb{R}_+ \times \Omega$ est mesurable si et seulement si son indicatrice est un processus mesurable. D'une manière générale, nous attribuerons à une partie mesurable de $\mathbb{R}_+ \times \Omega$ le qualificatif attaché à son indicatrice considérée en tant que processus.

5   Soient $X = (X_t)$ et $Y = (Y_t)$ deux processus ayant même espace de base et même espace d'états. Nous dirons que Y est une *modification* de X si, pour chaque $t \in \mathbb{R}_+$, l'ensemble $\{\omega \in \Omega : X_t(\omega) \neq Y_t(\omega)\}$ est négligeable. Lorsque de plus l'ensemble $\bigcup_{t \in \mathbb{R}_+} \{\omega \in \Omega : X_t(\omega) \neq Y_t(\omega)\}$ est négligeable, nous dirons que les processus X et Y sont *indistinguables*. Un processus réel indistinguable du processus identiquement nul sera dit *évanescent*. Un processus Y peut être une modification d'un processus X sans en être indistinguable. Ainsi si $(\Omega, \mathscr{F}) = (\mathbb{R}_+, \mathscr{B}(\mathbb{R}_+))$ et si P est une loi de probabilité diffuse, la diagonale de $\mathbb{R}_+ \times \mathbb{R}_+$ est une modification du processus identiquement nul, mais n'est pas évanescente. On a cependant le théorème suivant, que nous utiliserons souvent par la suite.

T6   *Théorème.*— *Supposons que E soit un espace topologique séparé et soient X et Y deux processus p.s. continus à droite (resp continus à gauche). Si Y est une modification de X, alors Y est indistinguable de X.*

Démonstration.— Il existe une partie négligeable N de Ω telle que, pour $\omega \in N^c$, les trajectoires $X(., \omega)$ et $Y(., \omega)$ soient continues à droite (resp à gauche) et que l'on ait $X(t, \omega) = Y(t, \omega)$ pour tout t rationnel. Un passage à la limite immédiat montre que l'on a encore $X(t, \omega) = Y(t, \omega)$ pour tout $t \in \mathbb{R}_+$ si $\omega \in N^c$. ▯

Il est clair, d'autre part, qu'un processus p.s. continu à droite (resp à gauche) est indistinguable d'un processus continu à droite (resp à gauche).

7   Soit $(\mathscr{F}_t)_{t \in \mathbb{R}_+}$ une famille *croissante* de sous-tribus de $\mathscr{F}$, i.e. telle que $\mathscr{F}_s$ soit incluse dans $\mathscr{F}_t$ si s est antérieur à t. La tribu $\mathscr{F}_t$, pour $t \in \mathbb{R}_+$, est alors appelée la *tribu des événements antérieurs à t* et on désigne par $\mathscr{F}_\infty$ la tribu engendrée par toutes les sous-tribus $\mathscr{F}_t$. Pour chaque $t \in \mathbb{R}_+$, on pose

$$\mathscr{F}_{t+} = \bigwedge_{s>t} \mathscr{F}_s, \quad \mathscr{F}_{t-} = \bigvee_{s<t} \mathscr{F}_s,$$

où $\mathscr{F}_{0-} = \mathscr{F}_0$ par convention. La famille $(\mathscr{F}_t)$ est dite *continue à droite* si $\mathscr{F}_t = \mathscr{F}_{t+}$ pour chaque t: ainsi, la famille $(\mathscr{G}_t)$, où $\mathscr{G}_t = \mathscr{F}_{t+}$ pour tout $t \in \mathbb{R}_+$, est continue à droite. En général, les familles de tribus que nous considérerons par la suite seront continues à droite. La tribu $\mathscr{F}_{t-}$, pour $t \in \mathbb{R}_+$, est appelée la *tribu des événements strictement antérieurs à t*. Nous verrons au paragraphe 3 quelle notion de continuité à gauche il est intéressant de considérer pour les familles croissantes de tribus.

Dans ce chapitre on se donne une fois pour toutes une famille croissante de sous-tribus $(\mathscr{F}_t)_{t \in \mathbb{R}_+}$ de $\mathscr{F}$. Les notions que nous allons définir maintenant sont relatives à $(\mathscr{F}_t)$.

2. Processus progressifs et temps d'arrêt

D8 *Définition.— Un processus* (X_t) *est dit* $(\mathscr{F}_t)$-*adapté si, pour chaque* $t \in \mathbb{R}_+$, *la v.a.* X_t *est* $\mathscr{F}_t$-*mesurable.*

Un processus (X_t) est toujours adapté à sa famille de tribus «naturelle» $(\mathscr{F}_t)$ où $\mathscr{F}_t = \mathscr{T}\{X_s, s \leq t\}$ pour chaque t. D'autre part, une modification d'un processus adapté est encore adaptée si chaque tribu $\mathscr{F}_t$ contient tous les ensembles négligeables de $\mathscr{F}$.

Il est intéressant de distinguer les processus dont la mesurabilité est aussi adaptée au déroulement du temps:

D9 *Définition.— Un processus* (X_t) *est* $(\mathscr{F}_t)$-*progressif (ou progressivement mesurable) si, pour chaque* $t \in \mathbb{R}_+$, *l'application* $(s, \omega) \to X(s, \omega)$ *de* $[0, t] \times \Omega$ *dans* E *est mesurable lorsque* $[0, t] \times \Omega$ *est muni de la tribu produit* $\mathscr{B}([0, t]) \overset{\wedge}{\otimes} \mathscr{F}_t$.

Un processus progressif est évidemment adapté et mesurable, mais la réciproque est fausse: si $(\Omega, \mathscr{F}) = (\mathbb{R}_+, \mathscr{B}(\mathbb{R}_+))$ et si P est une loi de probabilité diffuse, la diagonale de $\mathbb{R}_+ \times \mathbb{R}_+$ est mesurable et adaptée à la famille $(\mathscr{F}_t)$, où pour chaque t la tribu $\mathscr{F}_t$ est la tribu engendrée par les points de $\mathbb{R}_+$, mais n'est pas progressive pour cette famille $(\mathscr{F}_t)$. Cependant, si $\mathscr{F}_t = \mathscr{F}$ pour tout t, les processus progressifs coïncident avec les processus mesurables.

10 Les parties progressivement mesurables de $\mathbb{R}_+ \times \Omega$ forment une tribu contenue dans la tribu $\mathscr{B}(\mathbb{R}_+) \overset{\wedge}{\otimes} \mathscr{F}$ des parties mesurables: nous l'appellerons la *tribu des ensembles progressifs.* Un processus $X = (X_t)$ est alors progressif si et seulement si X est une application mesurable de $\mathbb{R}_+ \times \Omega$ dans E, $\mathbb{R}_+ \times \Omega$ étant muni de la tribu des ensembles progressifs.

Le théorème suivant donne deux exemples importants de processus progressifs, que nous étudierons au cours du chaitre IV.

T11 *Théorème.— Supposons que* E *soit un espace topologique métrisable, et soit* $X = (X_t)$ *un processus adapté et continu à droite (resp à gauche). Alors* X *est un processus progressif.*

Démonstration.— Supposons le processus X continu à droite. Soient $t \in \mathbb{R}_+$, $n \in \mathbb{N}$ et posons, pour tout entier $k \leq 2^n$ et pour tout

$$s \in \,](k - 1) \, 2^{-n} t, k 2^{-n} t], \quad X^n(s, .) = X(k 2^{-n} t, .)$$

et posons $X^n(0, .) = X(0, .)$. On définit ainsi une application X^n de $[0, t] \times \Omega$ dans E qui est évidemment mesurable lorsque $[0, t] \times \Omega$ est muni de la tribu $\mathscr{B}([0, t]) \overset{\wedge}{\otimes} \mathscr{F}_t$. En faisant tendre n vers $+\infty$, on en déduit en passant à la limite que l'application $(s, \omega) \to X(s, \omega)$ de $[0, t] \times \Omega$ dans E est également mesurable pour cette tribu. Donc X est un processus progressif. Le cas où les trajectoires de X sont continues à gauche se traite d'une manière analogue.   ▯

Temps d'arrêt. Intervalles stochastiques

Si on considère l'apparition d'un phénomène aléatoire au cours du temps, et si on désigne par $T(\omega)$ l'instant où ce phénomène apparait, il est naturel que le processus (X_t) défini par $X_t(\omega) = I_{\{T(\omega) \leq t\}}$ soit un processus adapté. On arrive ainsi à la notion de temps d'arrêt:

D12 *Définition.— Une variable aléatoire positive T, finie ou non, est appelé un temps d'arrêt de la famille $(\mathscr{F}_t)$ (ou plus simplement temps d'arrêt, ou encore en abrégé t.d'a.) si, pour tout $t \in \mathbb{R}_+$, l'ensemble $\{T \leq t\}$ appartient à la tribu $\mathscr{F}_t$.*

Il est clair qu'une v.a. positive constante est un temps d'arrêt. Plus généralement, si T est un t.d'a. et t un réel positif, alors $T + t$ est encore un t.d'a.

13 *Remarques.—* 1) Si $\mathscr{F}_0$ contient les ensembles négligeables de $\mathscr{F}$, une v.a. positive égale p.s. à un temps d'arrêt est encore un temps d'arrêt. Nous ne répéterons plus les remarques de ce genre par la suite.

2) Soit S une v.a. positive telle que l'ensemble $\{S < t\}$ appartienne à $\mathscr{F}_t$ pour tout $t \in \mathbb{R}_+$. Alors l'ensemble $\{S \leq t\}$ appartient à $\mathscr{F}_s$ pour tout $s > t$: l'ensemble $\{S \leq t\}$ appartient donc à la tribu $\mathscr{F}_{t+}$. Autrement dit, S est un temps d'arrêt de la famille $(\mathscr{F}_{t+})$, et est un temps d'arrêt de la famille $(\mathscr{F}_t)$ si celle-ci est continue à droite.

Le théorème suivant donne quelques propriétés de permanence des temps d'arrêt. Sa démonstration est laissée au lecteur.

T14 *Théorème.—* a) *Si S et T sont deux temps d'arrêt, les variables aléatoires $S \vee T$ et $S \wedge T$ sont aussi des temps d'arrêt.*

b) *Soit (T_n) une suite de temps d'arrêt. Alors $\sup_n T_n$ est un temps d'arrêt de la famille $(\mathscr{F}_t)$ et $\inf_n T_n$ est un temps d'arrêt de la famille $(\mathscr{F}_{t+})$. Si la famille $(\mathscr{F}_t)$ est continue à droite, alors $\limsup_n T_n$ et $\liminf_n T_n$ sont des temps d'arrêt de la famille $(\mathscr{F}_t)$.*

A chaque temps d'arrêt T, on peut associer une tribu $\mathscr{F}_T$ de telle sorte que $\mathscr{F}_T = \mathscr{F}_t$ si T est un t.d'a. constant égal à t:

D15 *Définition.— Soit T un temps d'arrêt. On appelle* tribu des événements antérieurs à T *la tribu $\mathscr{F}_T$ formée des éléments A de la tribu $\mathscr{F}_\infty$ tels que*

$$A \cap \{T \leq t\} \text{ appartienne à } \mathscr{F}_t \text{ pour tout } t \in \mathbb{R}_+.$$

On vérifie immédiatement que $\mathscr{F}_T$ est une tribu et que T est $\mathscr{F}_T$-mesurable. Nous étudierons en détail les propriétés de cette tribu au paragraphe 3. Pour l'instant, nous nous bornerons à citer la proposition suivante, dont la démonstration est laissée au lecteur.

T16 *Théorème.— Soient T un temps d'arrêt et S une variable aléatoire $\mathscr{F}_T$-mesurable. Si l'on a $S \geqq T$, alors S est un temps d'arrêt.*

Soit T un t.d'a., et posons, pour tout entier n,

$$S_n = +\infty \cdot I_{\{T=+\infty\}} + \sum_{k\in\mathbb{N}} k \cdot 2^{-n} \cdot I_{\{(k-1)2^{-n} < T \leqq k2^{-n}\}} \cdot$$

La v.a. étagée S_n est $\geqq T$ et $\mathscr{F}_T$-mesurable, et on a $T = \lim_n S_n$. Donc *tout temps d'arrêt est la limite d'une suite décroissante de temps d'arrêt étagés.*

17 Soient S et T deux t.d'a. tels que $S \leqq T$. Nous désignerons par $[\![S, T[\![$ l'ensemble $\{(t, \omega): S(\omega) \leqq t < T(\omega)\}$, qui sera appelé *intervalle stochastique semi-ouvert à droite d'extrémités S et T*. Plus brièvement, nous dirons «intervalle stochastique de la forme $[\![S, T[\![$», où l'on sous-entendra que l'on a $S \leqq T$. On définit de manière analogue les autres types d'intervalles stochastiques d'extrémités S et T. Si $S = T$, nous écrirons $[\![T]\!]$ au lieu de $[\![T, T]\!]$: $[\![T]\!]$ est le *graphe* du temps d'arrêt T. Si s et t sont deux réels positifs, la notation $[s, t[$ désigne comme il est de tradition un intervalle de $\mathbb{R}_+$, tandis que la notation $[\![s, t[\![$ désigne l'intervalle stochastique $[s, t[\times\Omega$ associé aux temps d'arrêt constants s et t. Enfin, soulignons que les intervalles stochastiques sont des parties de $\mathbb{R}_+\times\Omega$ et non de $\overline{\mathbb{R}}_+\times\Omega$. Ainsi, si pour un ω, $S(\omega) = T(\omega) = +\infty$, la coupe de $[\![S, T]\!]$ suivant cet ω est vide, et, si $T = +\infty$, on écrira indifféremment $[\![S, T]\!]$ ou $[\![S, T[\![$.

T18 *Théorème.— Tout intervalle stochastique est une partie progressive de $\mathbb{R}_+\times\Omega$.*

Démonstration.— Soient S et T deux t.d'a. tels que l'on ait $S \leqq T$. Alors, l'indicatrice de $[\![S, T[\![$ (resp $]\!]S, T]\!]$) est un processus adapté et continu à droite (resp continu à gauche): $[\![S, T[\![$ et $]\!]S, T]\!]$ sont donc progressifs d'après T11. D'autre part, $]\!]S, T[\![= [\![S, T[\![\cap]\!]S, T]\!]$ et $[\![S, T]\!] = ([\![0, S[\![)^c \cap (]\!]T, +\infty[\![)^c$: $]\!]S, T[\![$ et $[\![S, T]\!]$ sont donc aussi des parties progressives de $\mathbb{R}_+\times\Omega$. ⬚

Les tribus sur $\mathbb{R}_+\times\Omega$ engendrées par divers ensembles d'intervalles stochastiques sont contenues dans la tribu des ensembles progressifs. Nous les étudierons en détail au chapitre IV.

Processus progressifs et temps d'arrêt

19   Soient (X_t) un processus et H une v.a. positive finie. Nous désignerons par X_H l'application $\omega \to X(H(\omega), \omega)$ de Ω dans E. Lorsque (X_t)
est un processus mesurable, X_H est une variable aléatoire: en effet, X_H
est égale à la composition des applications mesurables $\omega \to (H(\omega), \omega)$
de Ω dans $\mathbb{R}_+ \times \Omega$ et $(t, \omega) \to X(t, \omega)$ de $\mathbb{R}_+ \times \Omega$ dans E. Lorsque H est
un temps d'arrêt, nous dirons que X_H est la *valeur du processus* (X_t) à
l'instant H. Dans ce cas, on a le résultat plus précis suivant:

T20   *Théorème.— Soient (X_t) un processus progressif et T un temps
d'arrêt fini. La variable aléatoire X_T est $\mathscr{F}_T$-mesurable.*

    Démonstration.— Il est clair que X_T est $\mathscr{F}_\infty$-mesurable. Nous devons
donc montrer que, pour tout $A \in \mathscr{E}$ et tout $t \in \mathbb{R}_+$, l'ensemble
$\{X_T \in A\} \cap \{T \leq t\}$, égal à $\{X_{T \wedge t} \in A\} \cap \{T \leq t\}$, appartient à $\mathscr{F}_t$.
Posons $S = T \wedge t$: S est un t.d'a., et c'est aussi une v.a. $\mathscr{F}_t$-mesurable
comme on le vérifie immédiatement. La mesurabilité de X_S par rapport
à $\mathscr{F}_t$ résulte alors du fait que X_S est obtenu par composition des appli-
cations $\omega \to (S(\omega), \omega)$ de $(\Omega, \mathscr{F}_t)$ dans $([0, t] \times \Omega, \mathscr{B}([0, t]) \overset{\wedge}{\otimes} \mathscr{F}_t)$ et
$(s, \omega) \to X(s, \omega)$ de $([0, t] \times \Omega, \mathscr{B}([0, t]) \overset{\wedge}{\otimes} \mathscr{F}_t)$ dans $(E, \mathscr{E})$, et de la
définition d'un processus progressif. $\square$

21   Il arrive fréquemment que l'on doive appliquer ce théorème à un
temps d'arrêt non nécessairement fini. Comme le seul problème est celui
de la définition de $X(T(\omega), \omega)$ lorsque $T(\omega) = +\infty$, on peut alors adopter l'une des solutions suivantes:

    1) On ajoute au processus (X_t) une v.a. terminale $\mathscr{F}_\infty$-mesurable X_∞.
La v.a. X_T est alors bien définie pour tout t.d'a. T, et est $\mathscr{F}_T$-mesurable.
Ce procédé est fréquemment employé lorsque E est un espace topologi-
que métrisable et que $X_\infty = \lim_{t \to \infty} X_t$ existe.

    2) Lorsque le processus (X_t) est réel et T est un t.d'a. quelconque,
on désigne par $X_T \cdot I_{\{T < +\infty\}}$ la v.a. prenant en ω la valeur $X(T(\omega), \omega)$
si $T(\omega) < +\infty$ et la valeur 0 si $T(\omega) = +\infty$. Cette v.a. est alors
$\mathscr{F}_T$-mesurable.

Mesurabilité des débuts

Rappelons d'abord la définition du début d'une partie de $\mathbb{R}_+ \times \Omega$ introduite au chapitre I.

D22   *Définition.— Soit A une partie de $\mathbb{R}_+ \times \Omega$. On appelle début de A,
la fonction D_A définie sur Ω par*

$$D_A(\omega) = \inf \{t \in \mathbb{R}_+ : (t, \omega) \in A\},$$

où $D_A(\omega) = +\infty$ si cet ensemble est vide.

Le théorème de capacitabilité permet alors de montrer que le début d'un ensemble progressif est un temps d'arrêt:

T23 *Théorème.— Supposons que la famille $(\mathscr{F}_t)$ soit continue à droite et que chaque tribu $\mathscr{F}_t$ soit complète. Alors le début D_A d'un ensemble progressif A est un temps d'arrêt de la famille $(\mathscr{F}_t)$.*

Démonstration.— L'ensemble $\{D_A < t\}$ est, pour chaque $t \in \mathbb{R}_+$, la projection sur Ω de l'ensemble $A_t = A \cap [\![0, t[\![$. Comme A_t est une partie mesurable de l'espace mesurable produit $([0, t[\times \Omega, \mathscr{B}([0, t[) \overset{\wedge}{\otimes} \mathscr{F}_t)$, il résulte de I-T32 que $\{D_A < t\}$ appartient à la tribu complète $\mathscr{F}_t$. Comme $(\mathscr{F}_t)$ est continue à droite, D_A est un temps d'arrêt d'après la remarque 13-2). $\blacksquare$

Inversement, tout temps d'arrêt T est le début d'un ensemble progressif A: il suffit de prendre $A = [\![T, +\infty[\![$, ou $A = [\![T]\!]$.[1]

24 Le début D_A d'une partie A de $\mathbb{R}_+ \times \Omega$ peut encore être défini ainsi:

$$D_A(\omega) = D_A^1(\omega) = \inf\{t \in \mathbb{R}_+ : [0, t] \cap A(\omega) \text{ comporte au moins un point}\}.$$

D'une manière générale, on définit, pour chaque entier n, le *n-début de A*, noté D_A^n, de la manière suivante

$$D_A^n(\omega) = \inf\{t \in \mathbb{R}_+ : [0, t] \cap A(\omega) \text{ comporte au moins } n \text{ points}\}$$

et l'*∞-début de A*

$$D_A^\infty(\omega) = \inf\{t \in \mathbb{R}_+ : [0, t] \cap A(\omega) \text{ comporte une infinité de points}\}.$$

Le théorème suivant généralise alors T23:

T25 *Théorème.— Supposons que la famille $(\mathscr{F}_t)$ soit continue à droite et que chaque tribu $\mathscr{F}_t$ soit complète. Alors le n-début D_A^n d'un ensemble progressif A est un temps d'arrêt pour $n = 1, 2, \ldots, \infty$.*

Démonstration.— On sait que $D_A = D_A^1$ est un temps d'arrêt. Par récurrence, on en déduit que, pour n entier, D_A^{n+1} est un temps d'arrêt car c'est le début de l'ensemble progressif $A_n = A \cap]\!]D_A^n, +\infty[\![$. Enfin, D_A^∞ est aussi un temps d'arrêt puisque c'est le début de $\bigcap_n A_n$. $\blacksquare$

Au chapitre VI, nous montrerons que, sous les mêmes hypothèses, le temps de pénétration T dans A défini par

$$T(\omega) = \inf\{t \in \mathbb{R}_+ : [0, t] \cap A(\omega) \text{ comporte une infinité non dénombrable de points}\}$$

est encore un temps d'arrêt.

---

[1] Le début d'un intervalle stochastique de la forme $[\![S, T[\![$ est égal à S sur $\{S < T\}$ et à $+\infty$ sur $\{S = T\}$.

26   Au cours de ce paragraphe, nous avons rencontré diverses restrictions sur la famille $(\mathscr{F}_t)$ comme «Si $(\mathscr{F}_t)$ est continue à droite ...», ou «si $\mathscr{F}_0$ contient tous les ensembles négligeables ...», ou encore «si chaque tribu $\mathscr{F}_t$ est complète ...». Ces conditions sont en fait assez anodines: cela est bien connu pour la complétion d'une tribu, et d'autre part, toute famille $(\mathscr{F}_t)$ peut être «rendue» continue à droite en lui substituant la famille $(\mathscr{F}_{t+})$. Aussi, si la tribu $\mathscr{F}$ est complète, nous dirons que la famille croissante de sous-tribus $(\mathscr{F}_t)$ vérifie *les conditions habituelles* si elle est continue à droite et si $\mathscr{F}_0$ contient tous les ensembles négligeables de $\mathscr{F}$. Toutes les tribus $\mathscr{F}_t$ sont alors complètes.

Dans ce chapitre, nous supposons désormais que la tribu $\mathscr{F}$ est complète et que la famille $(\mathscr{F}_t)$ vérifie les conditions habituelles. Nous ne chercherons pas à distinguer les résultats qui ne dépendent pas de cette hypothèse.

3. Tribus associées aux temps d'arrêt

A chaque temps d'arrêt T nous avons associé une tribu $\mathscr{F}_T$ qui est égale à $\mathscr{F}_t$ si T est constant et égal à t, et qui correspond intuitivement à l'idée d'événement antérieur à T. Nous allons associer maintenant au temps d'arrêt T une autre tribu, notée $\mathscr{F}_{T-}$, qui sera égale à $\mathscr{F}_{t-}$ si T est constant et égal à t, et qui correspondra intuitivement à l'idée d'événement strictement antérieur à T. Nous rappelons aussi la définition de $\mathscr{F}_T$ pour faciliter les comparaisons.

D27   *Définition.— Soit T un temps d'arrêt de la famille $(\mathscr{F}_t)$.*

a) *On appelle* tribu des événements antérieurs à T *la tribu $\mathscr{F}_T$ formée par les éléments A de $\mathscr{F}_\infty$ tels que*

$$A \cap \{T \leq t\} \in \mathscr{F}_t \text{ pour tout } t \in \mathbb{R}_+.$$

b) *On appelle* tribu des événements strictement antérieurs à T *la tribu $\mathscr{F}_{T-}$ engendrée par les éléments de $\mathscr{F}_0$ et par les ensembles de la forme*

$$A \cap \{t < T\} \text{ où } A \in \mathscr{F}_t \text{ et } t \in \mathbb{R}_+.$$

La tribu $\mathscr{F}_T$ est donc définie globalement, tandis que la tribu $\mathscr{F}_{T-}$ est définie par un système de générateurs stable pour $(\cap f)$.

Remarque.— Dans la définition b), on peut remplacer la condition «$A \in \mathscr{F}_t$» par «$A \in \mathscr{F}_{t-}$», et même par «$A \in \bigcup_{s<t} \mathscr{F}_s$». En effet, si A appartient à $\mathscr{F}_t$, l'ensemble $A \cap \{T > t\}$ est égal à la réunion des ensembles $A \cap \{T > r\}$ lorsque r parcourt les rationnels $>t$, et A appartient à $\bigcup_{s<r} \mathscr{F}_s$.

La démonstration du théorème suivant est laissée au lecteur.

T28 *Théorème.— Soit T un temps d'arrêt. Alors T est $\mathscr{F}_{T-}$-mesurable, et la tribu $\mathscr{F}_{T-}$ est incluse dans la tribu $\mathscr{F}_T$.*

Si T est un t.d'a. et S une v.a. positive p.s. égale à T, alors S est aussi un t.d'a. et l'on a $\mathscr{F}_{S-} = \mathscr{F}_{T-}, \mathscr{F}_S = \mathscr{F}_T$. Cela résulte du fait que la tribu $\mathscr{F}_0$ contient tous les ensembles négligeables de $\mathscr{F}$ (hypothèse qui fait partie de conditions habituelles). D'une manière générale, on pourra remplacer dans les hypothèses des théorèmes que nous allons énoncer les inégalités portant sur les t.d'a. par des inégalités presque-sûres.

Le théorème suivant généralise les formules de définition de D27.

T29 *Théorème.— Soient S et T deux temps d'arrêt.*

a) *Pour tout $A \in \mathscr{F}_S$, l'ensemble $A \cap \{S \leqq T\}$ appartient à $\mathscr{F}_T$.*

b) *Pour tout $A \in \mathscr{F}_S$, l'ensemble $A \cap \{S < T\}$ appartient à $\mathscr{F}_{T-}$.*

En particulier, l'ensemble $\{S \leqq T\}$ appartient à $\mathscr{F}_T$ et l'ensemble $\{S < T\}$ appartient à $\mathscr{F}_{T-}$.

Démonstration.— La propriété a) résulte de l'égalité suivante, pour tout $t \in \mathbb{R}_+$,

$$A \cap \{S \leqq T\} \cap \{T \leqq t\} = [A \cap \{S \leqq t\}] \cap \{T \leqq t\} \cap \{S \wedge t \leqq T \wedge t\}.$$

Chacun des trois ensembles du second membre appartient à $\mathscr{F}_t$: le premier parce que A appartient à $\mathscr{F}_S$, le second parce que T est un t.d'a., et le troisième parce que les v.a. $S \wedge t$ et $T \wedge t$ sont $\mathscr{F}_t$-mesurables comme on le vérifie aisément. La propriété b) résulte de l'égalité suivante, où r parcourt l'ensemble des rationnels positifs

$$A \cap \{S < T\} = \bigcup_r [A \cap \{S \leqq r\} \cap \{r < T\}].$$

En effet, A appartient à $\mathscr{F}_S$, et donc $A \cap \{S \leqq r\}$ appartient à $\mathscr{F}_r$ pour tout r. $\square$

30 Les ensembles $\{S \leqq T\}$ et $\{S < T\}$ appartiennent ainsi à $\mathscr{F}_T$. En passant au complémentaire, et en jouant sur le rôle symétrique joué par S et T, on en déduit que les ensembles

$$\{S \leqq T\}, \{S < T\}, \{S = T\}, \{S > T\} \text{ et } \{S \geqq T\}$$

appartiennent *à la fois* aux tribus $\mathscr{F}_S$ et $\mathscr{F}_T$. Par contre, les ensembles $\{S < T\}$ et $\{S \geqq T\}$ appartiennent à $\mathscr{F}_{T-}$ (et à $\mathscr{F}_S$) sans appartenir en général à $\mathscr{F}_{S-}$, tandis que les ensembles $\{S \leqq T\}$ et $\{S > T\}$ appartiennent à $\mathscr{F}_{S-}$ (et à $\mathscr{F}_T$) sans appartenir en général à $\mathscr{F}_{T-}$. Nous verrons que $\{S \leqq T\}$ appartient à $\mathscr{F}_{T-}$ lorsque S est un t.d'a. prévisible (cf T37) et que cette propriété caractérise les t.d'a. prévisibles parmi les t.d'a. accessibles (cf T50).

T31   *Théorème.— Soit T un temps d'arrêt et soit A un élément de $\mathscr{F}_\infty$. L'ensemble $A \cap \{T = \infty\}$ appartient à $\mathscr{F}_{T-}$.*

Démonstration.— Les événements $B \in \mathscr{F}_\infty$ tels que $B \cap \{T = \infty\}$ appartienne à $\mathscr{F}_{T-}$ forment une tribu. Il suffit donc de montrer que $A \cap \{T = \infty\}$ appartient à $\mathscr{F}_{T-}$ lorsque A appartient à $\mathscr{F}_n$, n entier. Mais alors, cet ensemble est égal à l'intersection des ensembles de la forme $A \cap \{T > m\}$ lorsque m parcourt les entiers supérieurs à n, ensembles qui appartiennent à $\mathscr{F}_{T-}$ par définition.

Comparaison des tribus

Les théorèmes que nous allons énoncer maintenant seront de deux types. Nous aurons des théorèmes «parallèles», où seront comparées entre elles des tribus d'événements antérieurs (resp strictement antérieurs) et des théorèmes «croisés», où l'on comparera des tribus d'événements strictement antérieurs à des tribus d'événements antérieurs.

T32   *Théorème.— Soient S et T deux temps d'arrêt tels que $S \leq T$. La tribu $\mathscr{F}_S$ (resp $\mathscr{F}_{S-}$) est incluse dans la tribu $\mathscr{F}_T$ (resp $\mathscr{F}_{T-}$).*

Démonstration.— L'inclusion $\mathscr{F}_S \subset \mathscr{F}_T$ résulte de T29-a), et l'inclusion $\mathscr{F}_{S-} \subset \mathscr{F}_{T-}$ résulte du fait que tout générateur de $\mathscr{F}_{S-}$ est un générateur de $\mathscr{F}_{T-}$: si $t \in \mathbb{R}_+$ et $A \in \mathscr{F}_t$,

$$A \cap \{t < S\} = A \cap \{t < S\} \cap \{t < T\}. \quad \Box$$

T33   *Théorème.— Soient S et T deux temps d'arrêt tels que $S \leq T$. Si l'on a $S < T$ sur l'ensemble $\{0 < T < \infty\}$, la tribu $\mathscr{F}_S$ est contenue dans la tribu $\mathscr{F}_{T-}$.*

Démonstration.— Pour tout $A \in \mathscr{F}_S$, on a l'égalité

$$A = [A \cap \{S = 0\}] \cup [A \cap \{S < T\}] \cup [A \cap \{T = \infty\}].$$

Le premier ensemble du second membre appartient à $\mathscr{F}_0$, le second à $\mathscr{F}_{T-}$ d'après T29-b), et le troisième à $\mathscr{F}_{T-}$ d'après T31. Donc A appartient à $\mathscr{F}_{T-}$. $\Box$

Nous allons étudier maintenant les propriétés séquentielles des tribus.

Le théorème suivant montre que les tribus du type $\mathscr{F}_T$ «descendent» tandis que les tribus du type $\mathscr{F}_{T-}$ «montent».

T34   *Théorème.— Soit (T_n) une suite monotone de temps d'arrêt, et soit $T = \lim_n T_n$.*

a) *Si (T_n) est une suite décroissante, on a*

$$\mathscr{F}_T = \bigcap_n \mathscr{F}_{T_n},$$

b) *si* (T_n) *est une suite croissante, on a*

$$\mathscr{F}_{T-} = \bigvee_n \mathscr{F}_{T_n-}.$$

Démonstration.— Démontrons d'abord le point a). La tribu $\mathscr{F}_T$ est contenue dans $\bigcap_n \mathscr{F}_{T_n}$ d'après T32. Réciproquement, soit $A \in \bigcap_n \mathscr{F}_{T_n}$: pour tout $t \in \mathbb{R}_+$ et tout n, l'ensemble $A \cap \{T_n < t\}$ appartient à $\mathscr{F}_t$ et donc l'ensemble $A \cap \{T < t\}$ appartient à $\mathscr{F}_t$. Par conséquent, $A \cap \{T \leqq t\}$ appartient à $\mathscr{F}_{t+}$, qui est égale à $\mathscr{F}_t$ car la famille $(\mathscr{F}_t)$ est continue à droite: donc A appartient à $\mathscr{F}_T$. Passons maintenant au point b). La tribu $\mathscr{F}_{T-}$ contient $\bigvee_n \mathscr{F}_{T_n-}$ d'après T32. Nous allons montrer que tout générateur de $\mathscr{F}_{T-}$ appartient à $\bigvee_n \mathscr{F}_{T_n-}$. Pour les éléments de $\mathscr{F}_0$, c'est évident. D'autre part, si $t \in \mathbb{R}_+$ et si $A \in \mathscr{F}_t$, l'ensemble $A \cap \{t < T\}$ est égale à la réunion des ensembles $A \cap \{t < T_n\}$: il appartient donc à $\bigvee_n \mathscr{F}_{T_n}$. □

On remarquera que l'assertion a) du théorème exprime que la continuité à droite, vérifiée par hypothèse par les tribus $\mathscr{F}_t$, est conservée par les tribus $\mathscr{F}_T$.

Le théorème suivant est une conséquence immédiate de T33 et T34.

T35 *Théorème.— Soit* (T_n) *une suite monotone de temps d'arrêt, et soit* $T = \lim_n T_n$.

a) *Si* (T_n) *est décroissante, et si l'on a* $T < T_n$ *sur* $\{0 < T_n < \infty\}$, *pour tout* n, *on a alors*

$$\mathscr{F}_T = \bigcap_n \mathscr{F}_{T_n-},$$

b) *si* (T_n) *est croissante, et si l'on a* $T_n < T$ *sur* $\{0 < T < \infty\}$ *pour tout* n, *on a alors*

$$\mathscr{F}_{T-} = \bigvee_n \mathscr{F}_{T_n}.$$

Remarque.— Soit T un temps d'arrêt. Il existe toujours une suite décroissante (T_n) de t.d'a. ayant pour limite T, et telle que $T < T_n$ sur $\{0 < T_n < \infty\}$ pour tout n: en effet, il suffit de poser $T_n = T + 1/n$. Par contre, il n'existe pas toujours de suite croissante (T_n) ayant pour limite T et telle que $T_n < T$ sur $\{0 < T < \infty\}$ pour tout n. L'existence d'une telle suite caractérise les temps d'arrêt prévisibles que nous allons étudier maintenant. On remarquera d'autre part qu'une telle suite existe lorsque T est un t.d'a. constant t, et que l'égalité b) de T35 généralise la définition de la tribu $\mathscr{F}_{t-}$.

Temps d'arrêt prévisibles. Quasi-continuité à gauche

D36 *Définition.*— *Un temps d'arrêt T est dit* prévisible *s'il existe une suite de temps d'arrêt (T_n) vérifiant les conditions suivantes*

a) (T_n) *est croissante et admet T pour limite,*

b) *on a $T_n < T$ sur l'ensemble $\{T > 0\}$ pour tout n.*

Dans ces conditions nous dirons que la suite (T_n) annonce T.

La signification intuitive d'un temps d'arrêt prévisible est bien claire: un phénomène physique est prévisible s'il existe une suite de signes avant-coureurs annonçant son apparition. Remarquons d'autre part que l'on retrouve les temps d'arrêt dont nous avons parlé dans la remarque précédente: en effet, si (S_n) est une suite croissante de t.d'a. ayant pour limite T et telle que $S_n < T$ sur $\{0 < T < \infty\}$, les t.d'a. $T_n = S_n \wedge n$ forment une suite annonçant T. Tout t.d'a. constant est prévisible. Plus généralement, si T est un t.d'a. et t un réel strictement positif, le t.d'a. $T + t$ est prévisible. Il en résulte que tout t.d'a. T est la limite d'une suite décroissante (T_n) de t.d'a. prévisibles: il suffit de poser $T_n = T + 1/n$.

Nous étudierons en détail les temps d'arrêt prévisibles au paragraphe suivant. Pour l'instant, nous nous bornerons à énoncer une propriété fondamentale des t.d'a. prévisibles qui précise T29 et 30.

T37 *Théorème.*— *Soient S un temps d'arrêt prévisible, et T un temps d'arrêt quelconque. Pour tout $A \in \mathscr{F}_{S-}$, l'ensemble $A \cap \{S \leq T\}$ appartient à $\mathscr{F}_{T-}$. En particulier, les ensembles $\{S \leq T\}$ et $\{S = T\}$ appartiennent à $\mathscr{F}_{T-}$.*

Démonstration.— Soit (S_n) une suite de t.d'a. annonçant S, et supposons d'abord que A appartienne à $\bigcup\limits_{n} \mathscr{F}_{S_n}$. De l'égalité

$$A \cap \{S \leq T\} = [A \cap \{S = 0\}] \cup \left[\bigcap_{n} (A \cap \{S_n < T\}) \right]$$

et de T29-b), il résulte que $A \cap \{S \leq T\}$ appartient à $\mathscr{F}_{T-}$, car $A \cap \{S_n < T\}$ appartient à $\mathscr{F}_{T-}$ pour n suffisamment grand et $\{S_n < T\}$ contient $\{S_{n+1} < T\}$. En particulier, $\{S \leq T\}$ appartient à $\mathscr{F}_{T-}$. Alors les éléments $A \in \mathscr{F}_{\infty}$ tels que $A \cap \{S \leq T\}$ appartienne à $\mathscr{F}_{T-}$ forment une tribu qui contient $\bigcup\limits_{n} \mathscr{F}_{S_n}$: cette tribu contient donc $\mathscr{F}_{S-}$ d'après T35-b). Enfin, $\{S < T\}$ appartient à $\mathscr{F}_{T-}$ (cf T29), et

$$\{S = T\} = \{S \leq T\} - \{S < T\}$$

appartient aussi à $\mathscr{F}_{T-}$. ☐

Nous allons introduire maintenant une notion de continuité à gauche pour la famille de tribus $(\mathscr{F}_t)$. Contrairement à la définition de la continuité à droite, nous devrons faire intervenir des temps d'arrêt.

D38 *Définition.— La famille de tribus* $(\mathscr{F}_t)$ *est dite* quasi-continue à gauche *si l'on a*

$$\mathscr{F}_T = \mathscr{F}_{T-}$$

pour tout temps d'arrêt prévisible T.

Le préfixe «quasi» rappelle que l'égalité de $\mathscr{F}_{T-}$ et de $\mathscr{F}_T$ n'est demandée que pour les t.d'a. prévisibles T. Nous donnerons à la fin de ce chapitre un exemple de famille $(\mathscr{F}_t)$ quasi-continue à gauche pour laquelle existe un t.d'a. T tel que $\mathscr{F}_{T-} \neq \mathscr{F}_T$. Nous verrons cependant que, si $(\mathscr{F}_t)$ est quasi-continue à gauche, on a l'égalité $\mathscr{F}_T = \bigvee_n \mathscr{F}_{T_n}$ pour toute suite croissante (T_n) de t.d'a. ayant pour limite T (cf T51). On remarquera que, d'après T35-b), la définition D38 revient à demander cette égalité lorsque T est prévisible et que (T_n) est une suite annonçant T.

Il est facile de donner un exemple de famille $(\mathscr{F}_t)$ qui ne soit pas quasi-continue à gauche. Soit $\varOmega = [0, 1]$ muni de la mesure de Lebesgue, et désignons par $\mathscr{F}$ la tribu borélienne complétée, par $\mathscr{F}_0$ la tribu engendrée par les parties négligeables. Si on pose $\mathscr{F}_t = \mathscr{F}_0$ pour $t < 1$, et $\mathscr{F}_t = \mathscr{F}$ pour $t \geq 1$, la famille $(\mathscr{F}_t)$ vérifie les conditions habituelles mais $\mathscr{F}_{1-}$ n'est pas égale à $\mathscr{F}_1$. Nous verrons un autre exemple à la fin de ce chapitre lorsque nous aurons étudié la classification des temps d'arrêt.

4. Classification des temps d'arrêt

On rappelle que $(\varOmega, \mathscr{F}, P)$ est un espace probabilisé complet, muni d'une famille croissante de sous-tribus $(\mathscr{F}_t)_{t \in \mathbb{R}_+}$ vérifiant les conditions habituelles: $(\mathscr{F}_t)$ est continue à droite, et $\mathscr{F}_0$ contient les ensembles négligeables de $\mathscr{F}$.

Nous allons classer les temps d'arrêt suivant leurs rapports avec les temps d'arrêt prévisibles. Nous donnerons d'abord des définitions à caractère «géomètrique», puis des définitions équivalentes plus proches de l'intuition physique.

D39 *Définition.— Soit T un temps d'arrêt.*

a) *On dit que T est* accessible *s'il existe une suite (T_n) de temps d'arrêt prévisibles telle que l'on ait*

$$[\![T]\!] \subset \left(\bigcup_n [\![T_n]\!] \right) \text{ à un ensemble évanescent près}$$

ce qui s'écrit encore

$$P\left(\bigcup_n \{\omega : T_n(\omega) = T(\omega) < +\infty\} \right) = 1.$$

Dans ces conditions, nous dirons que la suite (T_n) englobe T.

b) *On dit que T est* totalement inaccessible *si l'on a, pour tout temps d'arrêt prévisible S,*

$$[\![T]\!] \wedge [\![S]\!] = \emptyset \text{ à un ensemble évanescent près}$$

ce qui s'écrit encore

$$P(\{\omega: T(\omega) = S(\omega) < +\infty\}) = 0.$$

Il est clair qu'un t.d'a. prévisible est accessible, et que les t.d'a. à la fois accessibles et totalement inaccessibles sont p.s. infinis. D'autre part, un t.d'a. totalement inaccessible est toujours p.s. strictement positif.

40   Soient T un temps d'arrêt et A un élément de $\mathscr{F}_\infty$. Nous appelle-rons *restriction de T à A* la v.a. égale à T sur A et à $+\infty$ sur A^c, que nous noterons T_A. Comme $\{T_A \leq t\} = A \wedge \{T \leq t\}$ pour tout $t \in \mathbb{R}_+$, *la restriction T_A est un temps d'arrêt si et seulement si A appartient à $\mathscr{F}_T$.*

Le théorème suivant montre qu'on peut décomposer tout temps d'arrêt en une partie accessible et une partie totalement inaccessible.

T41   *Théorème.—* Soit T un temps d'arrêt. Il existe une partition essen-tiellement unique de l'ensemble $\{T < +\infty\}$ en deux éléments A et B de $\mathscr{F}_{T-}$ tels que T_A soit accessible et T_B totalement inaccessible. Le temps d'arrêt T_A (resp T_B) sera appelé la partie accessible (resp totalement in-accessible) du temps d'arrêt T.

Démonstration.— Désignons par $\mathscr{H}$ l'ensemble des éléments de $\mathscr{F}$ de la forme $\left(\bigcup_n \{S_n = T < +\infty\}\right)$, où (S_n) est une suite de t.d'a. prévisibles. Cet ensemble est stable pour $(\cup d)$, et ses éléments appartien-nent à $\mathscr{F}_{T-}$ d'après T37. Soit alors H un représentant de ess. sup. $\mathscr{H}$, et posons $A = H \wedge \{T < \infty\}$, $B = H^c \wedge \{T < \infty\}$. Le lecteur vérifiera sans peine que T_A est accessible, T_B est totalement inaccessible, et que cette décomposition est unique. $\Box$

Le théorème suivant, qui est une conséquence immédiate de D39 et de T41, montre en quelque sorte que la classification est exhaustive:

T42   *Théorème.—* Un temps d'arrêt T est accessible (resp totalement in-accessible) si et seulement si l'on a $P(\{\omega: S(\omega) = T(\omega) < +\infty\}) = 0$ pour tout temps d'arrêt S totalement inaccessible (resp accessible).

43   Nous allons énoncer maintenant un théorème donnant une inter-prétation intuitive aux temps d'arrêt accessibles et totalement in-accessibles. Nous utiliserons pour cela les notations suivantes. Si T est un temps d'arrêt, nous désignons par $\mathscr{S}(T)$ la famille des suites crois-santes (S_n) de temps d'arrêt telles que $S_n \leq T$ pour tout n. Si (S_n) est un élément de $\mathscr{S}(T)$, nous poserons

$$K[(S_n)] = \{\omega: \lim S_n(\omega) = T(\omega) < +\infty, S_n(\omega) < T(\omega) \text{ pour tout } n\}.$$

Cet ensemble appartient à la fois à $\mathscr{F}_T$ et à $\mathscr{F}_{(\lim S_n)}$ d'après T29. *La restriction de T à $K[(S_n)]$ est un t.d'a. accessible.* En effet, si R_n désigne la restriction du t.d'a. S_n à l'ensemble $\{S_n < \lim S_n\}$ pour chaque n, le t.d'a. $R = \lim R_n$ est prévisible (il est annoncé par la suite $(R_n \wedge n)$), et le graphe de $T_{K[(S_n)]}$ est contenu dans le graphe de R.

T44 *Théorème*[2].— a) *Un temps d'arrêt T est accessible si et seulement si l'ensemble $\{0 < T < +\infty\}$ est la réunion d'une suite d'ensembles de la forme $K[(S_n)]$, $(S_n) \in \mathscr{S}(T)$.*

b) *Un temps d'arrêt T est totalement inaccessible si et seulement si l'on a $P(\{T = 0\}) = 0$ et $P(K[(S_n)]) = 0$ pour toute suite $(S_n) \in \mathscr{S}(T)$.*

Démonstration.— Démontrons d'abord le point a). Comme pour toute suite $(S_n) \in \mathscr{S}(T)$, le t.d'a. $T_{K[(S_n)]}$ est accessible, il est clair que la condition est suffisante. Réciproquement, supposons T accessible et soit $(T^m)_{m \in \mathbb{N}}$ une suite de t.d'a. prévisibles englobant T. Pour chaque m, désignons par (T^m_n) une suite de t.d'a. annonçant le t.d'a. prévisible T^m et posons $S^m_n = T \wedge T^m_n$. La suite $(S^m_n)_{n \in \mathbb{N}}$ est alors pour chaque m un élément de $\mathscr{S}(T)$ et la condition nécessaire résulte de l'égalité $\{0 < T < \infty\} = \bigcup_m K[(S^m_n)]$. Passons maintenant au point b). La condition est nécessaire d'après T42 puisque $T_{K[(S_n)]}$ est accessible pour toute suite $(S_n) \in \mathscr{S}(T)$. Elle est suffisante car, d'après a), la partie accessible de T est alors infinie. ☐

Propriétés de permanence

Nous allons étudier maintenant les propriétés de permanence de la classification par rapport aux opérations latticielles, aux limites de suites monotones et aux restrictions à des éléments d'une tribu d'événements antérieurs à un t.d'a.

Les deux propositions suivantes sont des conséquences immédiates de D36, D39 et T42.

T45 *Théorème.*— *Soient S et T deux temps d'arrêt prévisibles (resp accessibles, totalement inaccessibles). Les temps d'arrêt $S \wedge T$ et $S \vee T$ sont également prévisibles (resp accessibles, totalement inaccessibles).*

T46 *Théorème.*— *Soient T un temps d'arrêt et A un élément de $\mathscr{F}_T$. Si T est accessible (resp totalement inaccessible), le temps d'arrêt T_A est également accessible (resp totalement inaccessible).*

Nous verrons bientôt que, si T est prévisible, le t.d'a. T_A est prévisible si et seulement si A appartient à $\mathscr{F}_{T-}$. Ce sera une conséquence des

---

[2] Ce sont ces propriétés a) et b) qui ont été prises comme définition de «accessible» et de «totalement inaccessible» par Meyer [32].

propriétés de permanence séquentielles que nous allons établir maintenant.

T47 *Théorème.— Soit (T_n) une suite monotone de temps d'arrêt, et soit $T = \lim_n T_n$.*

a) *si (T_n) est une suite croissante, et si chaque T_n est prévisible, le temps d'arrêt T est prévisible (resp accessible).*

b) *Supposons que (T_n) soit une suite décroissante, et que, pour tout $\omega \in \Omega$, il existe un entier $n(\omega)$ tel que l'on ait $T_{n(\omega)}(\omega) = T(\omega)$. Si les temps d'arrêt T_n sont prévisibles (resp accessibles), le temps d'arrêt T est prévisible (resp accessible).*

Démonstration.— Nous allons considérer d'abord le cas des t.d.a. accessibles. Si (T_n) est une suite croissante de t.d.a. accessibles ayant pour limite T, la suite (T_n) appartient à $\mathscr{S}(T)$ et la restriction de T à $A = K[(T_n)]$ est un t.d.a. accessible (cf 43). Posons $B = A^c$: le t.d.a. T_B est accessible car son graphe est contenu dans la réunion des graphes des t.d.a. accessibles T_n. Comme $T = T_A \wedge T_B$, le t.d.a. T est accessible, ce qui établit a). Pour démontrer b), il suffit de remarquer que le graphe de T est contenu dans la réunion des graphes des t.d.a. accessibles T_n, étant donnée l'hypothèse faite sur (T_n). Passons maintenant au cas des t.d.a. prévisibles. Soit d'abord (T_n) une suite croissante de t.d.a. prévisibles ayant pour limite T, et, pour chaque n, désignons par $(S_{n,p})_{p \in \mathbb{N}}$ une suite de t.d.a. annonçant T_n. Posons alors, pour chaque n,

$$S_n = \sup S_{k,p} \text{ où } k \text{ et } p \text{ parcourent les entiers} \leq n.$$

Il est clair que (S_n) est une suite qui annonce T: donc T est prévisible, ce qui établit a). Démontrons enfin b) pour les t.d.a. prévisibles. Soit (T_n) une suite décroissante de t.d.a. prévisibles telle que $T_n(\omega) = T(\omega)$ pour n assez grand, et désignons encore par $(S_{n,p})_{p \in \mathbb{N}}$ une suite annonçant T_n pour chaque n. Soit d'autre part d une distance sur $\overline{\mathbb{R}}_+$ compatible avec sa topologie. Quitte à extraire pour chaque n une sous-suite de la suite $(S_{n,p})_{p \in \mathbb{N}}$, on peut supposer que l'on a

$$P\{\omega: d[S_{n,p}(\omega), T_n(\omega)] > 2^{-p}\} \leq 2^{-(n+p)} \text{ pour chaque } p.$$

Dans ces conditions, posons pour tout p

$$S_p = \inf_n S_{n,p}.$$

La suite (S_p) est croissante, et l'on a $S_p < T$ sur $\{T > 0\}$ pour tout p, étant donnée l'hypothèse faite sur (T_n). Soit $S = \lim S_p$; nous allons montrer que $S = T$, ce qui achèvera la démonstration du théorème.

Pour chaque p, on a

$$P\{\omega: d[S(\omega), T(\omega)] > 2^{-p}\}$$

$$\leq \sum_n P\{\omega: d[S_{n,p}(\omega), T(\omega)] > 2^{-p}\}$$

$$\leq \sum_n P\{\omega: d[S_{n,p}(\omega), T_n(\omega)] > 2^{-p}\} \leq 2^{-p}.$$

En faisant tendre p vers $+\infty$, on en déduit que $P\{S < T\} = 0$, et donc $S = T$.[3] ☐

Notons le corollaire immédiat de T47:

T48 *Théorème.— Soit T un temps d'arrêt. L'ensemble des éléments A de $\mathscr{F}_T$ tels que T_A soit un temps d'arrêt prévisible (resp accessible) contient les ensembles négligeables et est stable pour ($\cup$ d, $\cap$ d).*

Ce théorème permettrait de définir la «partie prévisible» et la «partie totalement imprévisible» d'un temps d'arrêt. Cependant il résulte de T49 qu'il peut exister un t.d'a. prévisible T tel que T_A soit totalement imprévisible pour un élément A de $\mathscr{F}_T$, ce qui enlève tout intérêt à cette décomposition.

Voici le théorème sur les restrictions d'un t.d'a. T à un élément de $\mathscr{F}_{T-}$.

T49 *Théorème.— Soient T un temps d'arrêt et A un élément de $\mathscr{F}_T$. Pour que T_A soit prévisible, il est nécessaire que A appartienne à $\mathscr{F}_{T-}$, et cette condition est suffisante si T est prévisible.*

Démonstration.— L'ensemble A est égal à $\{T_A \leq T\} - (A^c \cap \{T = \infty\})$: il appartient donc à $\mathscr{F}_{T-}$ si T_A est prévisible (cf T31 et T37). Supposons maintenant T prévisible. Les éléments A de $\mathscr{F}_T$ tels que T_A et T_{A^c} soient prévisibles forment une tribu d'après T48: il suffit donc de démontrer que T_A est prévisible lorsque A appartient à un système de générateurs de $\mathscr{F}_{T-}$. Désignons par (T_n) une suite de t.d'a. annonçant T et soit $A \in \mathscr{F}_{T_n}$, n fixé. La restriction S_m de T_m à A est un t.d'a. dès que l'entier m est supérieur à n. Posons, pour $m \geq n$, $R_m = S_m \wedge m$: la suite (R_m) annonce T_A et donc T_A est prévisible. On montre de même que T_{A^c} est prévisible. Comme $\mathscr{F}_{T-} = \vee \mathscr{F}_{T_n}$ d'après T34-b), T_A est prévisible pour tout $A \in \mathscr{F}_{T-}$. ☐

Le théorème suivant caractérise les t.d'a. prévisibles parmi les t.d'a. accessibles.

T50 *Théorème.— Soit S un temps d'arrêt accessible. Pour que A soit prévisible, il faut et il suffit que $\{S = T\}$ appartienne à la tribu $\mathscr{F}_{T-}$*

---

[3] Nous commettons évidemment un abus de langage: l'égalité est seulement p.s. De tels abus seront fréquents par la suite.

pour tout temps d'arrêt prévisible T. *De plus, si* S *est prévisible, l'ensemble* $\{S = T\}$ *appartient à* $\mathscr{F}_{T-}$ *pour tout temps d'arrêt* T.

Démonstration.— La seconde assertion — et la condition nécessaire — résulte de T37. Passons à la condition suffisante. Soient S un t.d'a. accessible et (S_n) une suite de t.d'a. prévisibles englobant S. L'ensemble $\{S \leqq S_n\}$ appartient à la tribu $\mathscr{F}_{S_n-}$ pour tout n d'après l'hypothèse et T29-b): la restriction T_n de S_n à $\{S \leqq S_n\}$ est donc prévisible d'après T49. Pour chaque n, le t.d'a. $U_n = T_1 \wedge T_2 \wedge \cdots \wedge T_n$ est prévisible, et la suite (U_n) est décroissante. Comme pour chaque ω il existe un n tel que $U_n(\omega) = S(\omega)$, le t.d'a. S est prévisible d'après T47-b). □

Lorsque la famille $(\mathscr{F}_t)$ est quasi-continue à gauche, les t.d'a. accessibles coïncident avec les t.d'a. prévisibles. Plus précisément, on a:

T51   *Théorème.*— *Les trois assertions suivantes sont équivalentes.*

a) *Les temps d'arrêt accessibles sont prévisibles.*

b) *La famille* $(\mathscr{F}_t)$ *est quasi-continue à gauche:* $\mathscr{F}_{T-} = \mathscr{F}_T$ *si* T *est prévisible.*

c) *La famille* $(\mathscr{F}_t)$ n'admet pas de temps de discontinuité:

$$\bigvee_n \mathscr{F}_{T_n} = \mathscr{F}_{(\lim T_n)}$$

si (T_n) *est une suite croissante de temps d'arrêt.*

Démonstration.— c) entraine b) d'après T35 et b) entraine a) d'après T50. Nous allons montrer que a) entraine c). Soient (T_n) une suite croissante de t.d'a. et $T = \lim T_n$, et désignons par U (resp V) la partie accessible (resp totalement inaccessible) de T. Pour tout $A \in \mathscr{F}_T$, on a l'égalité

$$A = [\{U_A = T\} - (A^c \cap \{T = \infty\})] \cup [\{V_A < \infty\} \cup (A \cap \{T = \infty\})].$$

Les ensembles $A^c \cap \{T = \infty\}$ et $A \cap \{T = \infty\}$ appartiennent à $\mathscr{F}_{T-}$ d'après T31, et donc à $\bigvee_n \mathscr{F}_{T_n}$ d'après T34-b). Par hypothèse, U_A est prévisible: $\{U_A = T\}$ appartient à $\mathscr{F}_{T-}$ d'après T37, et par conséquent à $\bigvee_n \mathscr{F}_{T_n}$. Pour achever la démonstration, il nous reste à montrer que $\{V_A < \infty\}$ appartient aussi à $\bigvee_n \mathscr{F}_{T_n}$. Mais, V_A est totalement inaccessible et la suite (T_n) appartient à $\mathscr{S}(V_A)$. Il résulte alors de T44-b) que l'on a

$$\{V_A < \infty\} = \bigcup_n \{V_A = T_n < \infty\}.$$

Comme les ensembles $\{V_A = T_n < \infty\}$ appartiennent à $\bigvee_n \mathscr{F}_{T_n}$ (cf 30), l'ensemble $\{V_A < \infty\}$ appartient aussi à $\bigvee_n \mathscr{F}_{T_n}$. □

Nous poursuivrons l'étude de la classification des temps d'arrêt au chapitre V où nous obtiendrons d'autres critères grâce à la théorie des martingales. Nous terminerons ce chapitre par l'étude d'un exemple, étude qui sera également poursuivie au chapitre V.

Étude d'un exemple

52   Soit $\Omega = \mathbb{R}_+$ et désignons par $\mathscr{F}^0$ la tribu borélienne de $\mathbb{R}_+$, par S l'application identité de Ω dans $\mathbb{R}_+$: $\mathscr{F}^0$ est la tribu engendrée par S. *La loi P sera une loi de probabilité sur $(\Omega, \mathscr{F}^0)$ telle que $P\{S = 0\} = 0$ et que $P\{S > t\} > 0$ pour tout $t \in \mathbb{R}_+$.* Pour chaque $t \in \mathbb{R}_+$, nous désignerons par $\mathscr{F}^0_t$ la tribu engendrée par $S \wedge t$: $\mathscr{F}^0_t$ est encore la tribu engendrée par la tribu borélienne de $[0, t]$ et par l'atome $]t, +\infty[$. On vérifie sans peine que la famille $(\mathscr{F}^0_t)$ de sous-tribus de $\mathscr{F}^0$ est croissante et continue à droite. Si pour chaque t, $\mathscr{F}_t$ désigne la tribu engendrée par $\mathscr{F}^0_t$ et par les ensembles P-négligeables de $\mathscr{F}^0$, la famille $(\mathscr{F}_t)$ vérifie alors les conditions habituelles. Enfin, nous écrirons $\mathscr{F}$ au lieu de $\mathscr{F}_\infty$: $\mathscr{F}$ est encore la tribu complétée de $\mathscr{F}^0$.

Le théorème suivant caractérise les t.d.a. de la famille $(\mathscr{F}_t)$ parmi les variables aléatoires positives.

T53   *Théorème.— Une variable aléatoire positive T est un temps d'arrêt de la famille $(\mathscr{F}_t)$ si et seulement si T est P-p.s. constant sur $\{S > T\}$.*

Démonstration.— Comme S est un t.d.a. et que $\mathscr{F}_S = \mathscr{F}$, il est clair que la condition est suffisante (cf T16). Réciproquement, soit T un t.d.a. Pour tout $t \in \mathbb{R}_+$, $\{T \leq t\}$ appartient à $\mathscr{F}_t$: à un ensemble négligeable près, cet ensemble est donc un borélien de $[0, t]$, ou bien est de la forme $A \cup]t, +\infty[$ où A est un borélien de $[0, t]$. Comme $\{S > t\} =]t, +\infty[$, posons

$$H = \{t: \{T \leq t\} \supset \{S > t\} \text{ p.s.}\} \quad \text{et} \quad s = \inf H.$$

L'ensemble H est intervalle, éventuellement vide, d'extrémité gauche égale à s. Pour tout $t \notin H$, $\{S \leq t\}$ contient p.s. $\{T \leq t\}$, et donc on a $T \geq S$ sur $\{S \notin H\}$. Pour tout $t \in H$, $\{T \leq t\}$ contient p.s. $\{S > t\}$, et donc $\{s \leq T \leq t\}$ contient p.s. $\{S > t\}$ puisque $\{T < s\}$ est p.s. contenu dans $\{S < s\}$: en faisant tendre t vers s par valeurs rationnelles, on en déduit que $T = s$ p.s. sur $\{S > s\}$. Enfin, si s appartient à H et $\{s\}$ est un atome de P, $\{\omega: T(\omega) = T(s)\}$ appartient à $\mathscr{F}_{T(s)}$ et contient p.s. $\{\omega: S(\omega) > T(s)\}$: donc $T(s) \geq s$ puisque $T = s$ p.s. sur $\{S > s\}$. $\square$

On peut alors établir la classification des temps d'arrêt:

T54 *Théorème.— Soient T un t.d'a. et A l'ensemble des atomes de P.*

a) *le t.d'a. T est prévisible si et seulement si T est p.s. constant sur l'ensemble $\{S \geqq T\}$,*

b) *le t.d'a. T est accessible si et seulement si l'on a*

$$P\{T = S_{A^c} < +\infty\} = 0,$$

c) *le t.d'a. T est totalement inaccessible si et seulement si l'on a*

$$P\{T \neq S_{A^c} < +\infty\} = 0.$$

Démonstration.— Comme $P(\{0\}) = 0$, il est clair que S_A est la partie accessible de S tandis que S_{A^c} est la partie totalement inaccessible (faire un dessin). Si T est p.s. constant sur $\{S \geqq T\}$, T est annoncé par la suite (T_n), où $T_n = S \vee n$ sur $\{T < +\infty\}$ et

$$T_n = \left(1 - \frac{1}{n}\right) T + \frac{S}{n} I_{\{S < T\}} \text{ sur } \{T < +\infty\}.$$

Le temps d'arrêt T est alors prévisible. Nous laissons au lecteur le soin d'achever la démonstration. ☐

Lorsque la loi P est diffuse, les temps d'arrêt accessibles sont prévisibles: la famille $(\mathscr{F}_t)$ est alors quasi-continue à gauche (cf T51). On notera que l'on a alors $\mathscr{F}_{t-} = \mathscr{F}_t$ pour tout t, tandis que $\mathscr{F}_{t-}^0 \neq \mathscr{F}_t^0$ si $t \neq 0$ car $\mathscr{F}_{t-}^0$ ne contient pas l'ensemble négligeable $\{t\}$. Passons au cas opposé: P est une loi atomique. Comme il y a au moins deux atomes d'après l'hypothèse faite sur P (cf 52), S est un t.d'a. accessible qui n'est pas prévisible: la famille $(\mathscr{F}_t)$ n'est pas quasi-continue à gauche. Il n'y a pas de temps d'arrêt totalement inaccessibles dans ce cas (en dehors des t.d'a. p.s. infinis). Enfin, lorsque P a une partie diffuse et une partie atomique non nulles, S a une partie totalement inaccessible et une partie accessible non p.s. infinies. Comme P a au moins un atome (différent de $\{0\}$ par hypothèse), la partie accessible de S n'est pas prévisible: la famille $(\mathscr{F}_t)$ n'est pas quasi-continue à gauche.

Remarque.— Dans cet exemple, on a toujours $\mathscr{F}_{S-} = \mathscr{F}_S$. Nous allons donner un exemple du même genre où la famille $(\mathscr{F}_t)$ est quasi-continue à gauche et admet un t.d'a. totalement inaccessible T tel que $\mathscr{F}_{T-} \neq \mathscr{F}_T$. Prenons pour Ω la somme ensembliste de deux copies de $\mathbb{R}_+$, notées $\mathbb{R}_+^1$ et $\mathbb{R}_+^2$. Soit $\mathscr{F}^0$ la tribu somme des tribus boréliennes et désignons par U (resp V) la fonction égale à l'identité sur $\mathbb{R}_+^1$ (resp $\mathbb{R}_+^2$) et égale à $+\infty$ ailleurs. Posons alors $\mathscr{F}_t^0 = \mathscr{T}(U \wedge t, V \wedge t)$ pour tout $t \in \mathbb{R}_+$: c'est encore la tribu engendrée par les boréliens de $[0, t]^1$, par ceux de $[0, t]^2$ et par l'atome $(]t, +\infty[)^1 \cup (]t, +\infty[)^2$. Prenons pour loi P une loi diffuse chargeant les deux copies de $\mathbb{R}_+$ et désignons par $\mathscr{F}_t$ (resp $\mathscr{F}$) la tribu engendrée par $\mathscr{F}_t^0$ (resp $\mathscr{F}^0$) et les ensembles P-négligeables. La famille $(\mathscr{F}_t)$ vérifie les conditions habituelles, et une extension immédiate des résultats précédents montre que $(\mathscr{F}_t)$ est quasi-continue à gauche. Soit $T = U \wedge V$: c'est un t.d'a. totalement inaccessible. La tribu $\mathscr{F}_T$ est égale à $\mathscr{F}$ tandis que la tribu $\mathscr{F}_{T-}$ est formée par les ensembles de la forme $A^1 \cup A^2$ où A^1 et A^2 sont deux copies d'un *même* borélien de $\mathbb{R}_+$ (à un ensemble négligeable prés). Donc la tribu $\mathscr{F}_{T-}$ est strictement incluse dans la tribu $\mathscr{F}_T$.

Chapitre IV

Les trois tribus fondamentales

Dans ce chapitre, on désigne par $(\Omega, \mathscr{F}, P)$ un espace probabilisé complet, et par $(\mathscr{F}_t)_{t \in \mathbb{R}_+}$ une famille croissante de sous-tribus de $\mathscr{F}$ vérifiant les conditions habituelles. Cet espace sera l'espace de base des processus considérés.

Dans le paragraphe 1, nous définissons la tribu $\mathscr{T}_1$ des ensembles bien-mesurables, la tribu $\mathscr{T}_2$ des ensembles accessibles et la tribu $\mathscr{T}_3$ des ensembles prévisibles. Ces trois tribus sont des tribus sur $\mathbb{R}_+ \times \Omega$ engendrées par trois types d'intervalles stochastiques : elles correspondent respectivement aux notions de temps d'arrêt quelconque[1], de temps d'arrêt accessible et de temps d'arrêt prévisible. Après avoir étudié différents modes de génération de ces tribus, nous établissons les théorèmes de section au paragraphe 2 : ces théorèmes affirment que dans un ensemble bien-mesurable (resp accessible, prévisible), on peut faire passer un graphe «substantiel» de temps d'arrêt quelconque (resp accessible, prévisible). Le paragraphe 3 est consacré à des applications importantes des deux premiers paragraphes : étude des processus continus à droite ou à gauche ; rapport entre processus prévisibles et tribus du type $\mathscr{F}_{T-}$. Enfin, on introduit au paragraphe 4 la notion de processus croissant, qui jouera un rôle important au chapitre V.

Un grand nombre de théorèmes ont trois versions : une version pour chacune des tribus $\mathscr{T}_i$ ($i = 1, 2, 3$). Les résultats importants concernent essentiellement la tribu $\mathscr{T}_1$ des ensembles bien-mesurables et la tribu $\mathscr{T}_3$ des ensembles prévisibles. Ceux concernant la tribu $\mathscr{T}_2$ des ensembles accessibles sont surtout intéressants lorsque la famille $(\mathscr{F}_t)$ est quasi-continue à gauche : dans ce cas, les tribus $\mathscr{T}_2$ et $\mathscr{T}_3$ coïncident, et on obtient alors de nouveaux résultats concernant la tribu des ensembles prévisibles.

---

[1] «quelconque» renvoie à la classification des temps d'arrêt, et s'oppose à «accessible », ou «prévisible».

1. Définitions des tribus

1 Nous désignerons par $\mathscr{J}_i$ $(i = 1, 2, 3)$ l'ensemble des parties de $\mathbb{R}_+ \times \Omega$ constitué par les réunions finies d'intervalles stochastiques de la forme $[\![S, T[\![$, où S et T sont des temps d'arrêt quelconques si $i = 1$, accessibles si $i = 2$ et prévisibles si $i = 3$: il est clair que $\mathscr{J}_i$ est une algèbre de Boole sur $\mathbb{R}_+ \times \Omega$.[2]

D2 *Définition.—* *On appelle* tribu des ensembles bien-mesurables *(resp accessibles, prévisibles) la tribu* $\mathscr{T}_1$ *(resp* $\mathscr{T}_2$, $\mathscr{T}_3$*) sur* $\mathbb{R}_+ \times \Omega$ *engendrée par l'algèbre de Boole* $\mathscr{J}_1$ *(resp* $\mathscr{J}_2$, $\mathscr{J}_3$*). Un processus X, d'espace d'états quelconque, est dit* bien-mesurable *(resp* accessible, prévisible*) s'il est mesurable lorsque* $\mathbb{R}_+ \times \Omega$ *est muni de la tribu* $\mathscr{T}_1$ *(resp* $\mathscr{T}_2$, $\mathscr{T}_3$*).*

Les ensembles prévisibles sont accessibles et les ensembles accessibles sont bien-mesurables. Les ensemble bien-mesurables sont progressifs d'après III-T18.[3] Lorsque la famille $(\mathscr{F}_t)$ est quasi-continue à gauche, les temps d'arrêt accessibles sont prévisibles d'après III-T51: la tribu $\mathscr{T}_2$ coïncide alors avec la tribu $\mathscr{T}_3$.

Voici un autre mode de génération des tribus $\mathscr{T}_i$ par des intervalles stochastiques.

T3 *Théorème.— La tribu* $\mathscr{T}_i$ $(i = 1, 2, 3)$ *est engendrée par l'ensemble des intervalles stochastiques de la forme* $[\![S, T]\!]$, *où T est un temps d'arrêt quelconque et où S est un temps d'arrêt quelconque si* $i = 1$, *accessible si* $i = 2$ *et prévisible si* $i = 3$.

Démonstration.— Comme on a toujours $[\![S, T]\!] = \bigcap_n [\![S, T + \frac{1}{n}[\![$

et que $T + \frac{1}{n}$ est un t.d'a. prévisible, les intervalles considérés appartiennent à la tribu $\mathscr{T}_i$. D'autre part, on a $[\![S, T[\![= [\![S, T]\!] - [\![T]\!]$; comme $[\![T]\!]$ appartient à $\mathscr{T}_i$ d'après ce qui précède lorsque T est quelconque si $i = 1$, accessible si $i = 2$ et prévisible si $i = 3$, il est clair que les intervalles de la forme précitée engendrent $\mathscr{T}_i$. $\square$

Il résulte immédiatement du théorème précédent que les intervalles stochastiques de n'importe quel type sont bien-mesurables. D'autre part, si T est un temps d'arrêt, son graphe $[\![T]\!]$ est bien-mesurable (resp accessible, prévisible) lorsque T est quelconque (resp accessible, prévisible). Réciproquement, une v.a. positive dont le graphe est bien-mesurable (resp accessible, prévisible) est un t.d'a. quelconque (resp accessible, prévisible): dans le cas d'un graphe bien-mesurable, cela

---

[2] On trouvera une démonstration au no 7.

[3] Il existe cependant des ensembles progressifs qui ne sont pas bien-mesurables. Nous en donnerons un exemple au chapitre VI.

résulte de III-T23; dans les deux autres cas, cela résulte des théorèmes de section (cf T15).

La tribu des ensembles prévisibles est encore engendrée par une troisième famille d'intervalles stochastiques:

T4   *Théorème.—* *La tribu $\mathcal{T}_3$ des ensembles prévisibles est engendrée par les intervalles stochastiques de la forme $[\![0_A]\!]$, où A appartient à $\mathcal{F}_0$, et de la forme $]\!]S, T]\!]$, où S et T sont des temps d'arrêt* quelconques.

Démonstration.— La restriction 0_A du t.d'a. 0 à $A \in \mathcal{F}_0$ est évidemment un t.d'a. prévisible; donc $[\![0_A]\!]$ appartient à $\mathcal{T}_3$. D'autre part, un intervalle du type $]\!]S, T]\!]$ peut s'écrire sous la forme

$$]\!]S, T]\!] = \left(\bigcup_n [\![S + \frac{1}{n}, +\infty[\![\right) \cap [\![0, T]\!].$$

Il appartient donc à $\mathcal{T}_3$ d'après T5. Pour achever la démonstration, il nous reste à montrer qu'un intervalle stochastique du type $[\![S, +\infty[\![$, où S est prévisible, appartient à la tribu engendrée par les intervalles du type considéré, et cela résulte de l'égalité

$$[\![S, +\infty[\![= [\![0_{\{S=0\}}]\!] \cup \left(\bigcap_n [\![S_n, +\infty[\![\right)$$

où (S_n) est une suite de temps d'arrêt qui annonce S. $\square$

Nous verrons au cours de la démonstration de T22 que l'on peut restreindre la famille des intervalles du type précité: la tribu $\mathcal{T}_3$ est engendrée par les intervalles stochastiques de la forme $[\![0_A]\!]$, où A appartient à $\mathcal{F}_0$, et de la forme $]\!]s_B, t_B]\!]$, où s et t sont deux réels positifs et où B appartient à $\mathcal{F}_{s-}$.

5   *Exemples.—* Nous allons donner quelques exemples simples de processus réels bien-mesurables, accessibles ou prévisibles. Ces processus seront dits *élémentaires* par la suite.

1) Considérons un intervalle stochastique de la forme $[\![S, T[\![$, et soit Z une v.a. $\mathcal{F}_S$-mesurable. Désignons par $X = (X_t)$ le processus défini par

$$X_t(\omega) = Z(\omega) \cdot I_{[\![S,T[\![}(t, \omega) \quad \text{soit, en abrégé,} \quad X = Z \cdot I_{[\![S,T[\![}.$$

Le processus X est un processus bien-mesurable. Il est accessible si les temps d'arrêt S et T sont accessibles. Enfin, lorsque Z est une v.a. $\mathcal{F}_{S-}$-mesurable, il est prévisible si les t.d'a. S et T sont prévisibles.

2) On peut remplacer dans l'exemple 1) l'intervalle $[\![S, T[\![$ par l'intervalle $[\![S, T]\!]$, le temps d'arrêt T pouvant être quelconque dans tous les cas.

3) Enfin, si on remplace dans l'exemple 1) l'intervalle $[\![S, T[\![$ par l'intervalle $]\!]S, T]\!]$, S et T étant quelconques, et si Z est une v.a. $\mathcal{F}_S$-mesurable, le processus X est prévisible.

La démonstration de ces assertions est simple : on les établit d'abord lorsque Z est l'indicatrice d'un ensemble A, ce qui revient à considérer les intervalles stochastiques dont les extrémités sont les restrictions de S et de T à A, et on obtient le cas général en approchant les v.a. par des v.a. étagées.

Notons que les processus élémentaires de l'exemple 1) sont continus à droite et admettent des limites à gauches, tandis que ceux de l'exemple 3) sont continus à gauche. Nous montrerons au paragraphe 3 que, d'une manière générale, les processus adaptés et continus à droite (resp continus à gauche) sont bien-mesurables (resp prévisibles).

Le théorème suivant montre que les tribus des ensembles accessibles et prévisibles sont les mosaïques engendrées par des pavages ayant les propriétés de compacité nécessaires pour pouvoir appliquer le théorème I-T7. Il ne sera utilisé par la suite que pour obtenir des raffinements de certains théorèmes du chapitre VI.

T6 *Théorème.*— *La tribu $\mathcal{T}_2$ (resp $\mathcal{T}_3$) est égale à la mosaïque engendrée par le pavage sur $\mathbb{R}_+ \times \Omega$ constitué par les réunions finies d'intervalles stochastiques de la forme $[\![S, T]\!]$, où S et T sont des temps d'arrêt bornés, et où S est accessible (resp prévisible).*

Démonstration.— Il résulte de T3 que la tribu $\mathcal{T}_2$ (resp $\mathcal{T}_3$) contient la mosaïque précitée et que, pour démontrer l'égalité, il suffit de vérifier que $[\![S, T]\!]^c$ appartient à cette mosaïque lorsque S et T vérifient les conditions indiquées. Comme on a $]\!]T, +\infty[\![= \bigcup_n [\![T + \frac{1}{n}, T + n]\!]$, il nous reste à étudier l'intervalle $[\![0, S[\![$. Dans le cas prévisible, cette étude est très simple car, si (S_n) est une suite de t.d'a. annonçant le t.d'a. prévisible S, on a l'égalité

$$[\![0, S[\![= \bigcup_n ([\![0, S_n]\!] \wedge [\![0_{\{S>0\}}, +\infty[\![).$$

Passons au cas accessible, et désignons maintenant par (S_n) une suite de t.d'a. bornés et prévisibles englobant le t.d'a. accessible S. Comme on a $[\![0, S[\![= \bigcap_n [\![0, S'_n[\![$, où S'_n désigne la restriction de S_n à l'ensemble $\{S_n \leqq S\}$, il nous suffit donc de montrer qu'un intervalle de la forme $[\![0, S[\![$ appartient à la mosaïque lorsque S est un t.d'a. accessible dont le graphe est contenu dans celui d'un t.d'a. prévisible borné U. Et cela résulte alors de l'égalité suivante, dans laquelle (U_n) est une suite de t.d'a. annonçant U

$$[\![0, S[\![= \left(\bigcup_n [\![0, U_n]\!] \wedge [\![0_{\{S>0\}}, +\infty[\![\right) \cup \left(\bigcup_n [\![U_{\{U<S\}}, \wedge n, n]\!] \right). \quad \blacksquare$$

La tribu des ensembles bien-mesurables n'est pas en général égale à la mosaïque engendrée par un pavage constitué par des réunions finies d'intervalles stochastiques ayant leurs coupes compactes dans $\mathbb{R}_+$ (voir l'exemple III-52, où P est une toi diffuse). Cependant, si on considère le pavage engendré par les intervalles stochastiques de la forme $[\![S, T]\!]$, où S et T sont des t.d'a. quelconques, et de la forme $[\![U, V[\![$, où V est un t.d'a. totalement inaccessible, on peut montrer que ce pavage vérifie de «bonnes» propriétés de compacité et que la tribu $\mathcal{T}_1$ est égale à la mosaïque engendrée (cf Cornea et Licea [9]).

2. Les théorèmes de section

Nous allons démontrer un théorème général de section pour une tribu sur $\mathbb{R}_+ \times \Omega$ engendrée par une famille d'intervalles stochastiques d'un certain type, et nous obtiendrons les trois théorèmes de section attachés aux tribus fondamentales comme corollaires de ce théorème.

7   Soit $\mathcal{A}$ une famille de temps d'arrêt contenant les temps d'arrêt 0 et $+\infty$, saturée pour l'égalité p.s. et stable pour les opérations latticielles (finies). Désignons par $\mathcal{I}$ l'ensemble des intervalles stochastiques de la forme $[\![S, T[\![$, où S et T appartiennent à $\mathcal{A}$. L'ensemble $\mathcal{J}$ constitué par les réunions finies d'éléments de $\mathcal{I}$ est alors une algèbre de Boole sur $\mathbb{R}_+ \times \Omega$. Pour vérifier cela, il suffit de montrer que le complémentaire d'un élément de $\mathcal{I}$ et l'intersection de deux éléments de $\mathcal{I}$ appartiennent à $\mathcal{J}$, ce qui résulte des égalités

$$[\![S, T[\![^c = [\![0, S[\![\cup [\![T, +\infty[\![$$

et

$$[\![S, T[\![\wedge [\![U, V[\![= [\![S \vee U, (S \vee U) \vee (T \wedge V)[\![.$$

Nous supposerons de plus que la famille $\mathcal{A}$ satisfait aux deux conditions suivantes

α) si S et T appartiennent à $\mathcal{A}$, le t.d'a. $S_{\{S < T\}}$ appartient à $\mathcal{A}$,

β) si (S_n) est une suite croissante d'éléments de $\mathcal{A}$, $\sup S_n$ appartient à $\mathcal{A}$.

La première condition assure que le début d'un élément de $\mathcal{J}$ appartient à $\mathcal{A}$. En effet, le début d'un intervalle stochastique de la forme $[\![S, T[\![$ est égal à $S_{\{S < T\}}$, et le début d'une réunion finie d'éléments de $\mathcal{I}$ est égal à la borne inférieure des débuts de chacun de ces éléments. La deuxième condition assure que le début d'un élément de $\mathcal{J}_\delta$ appartient encore à $\mathcal{A}$:

T8   *Théorème.— Soit J un élément de $\mathcal{J}_\delta$. Le début D_J appartient à $\mathcal{A}$ et le graphe de D_J est inclus dans J.*

Démonstration.— Il est clair que le graphe de D_J est inclus dans J, les coupes $J(\omega)$ étant des fermés pour la topologie droite sur $\mathbb{R}_+$. Désignons par $\mathscr{S}$ l'ensemble des t.d'a. appartenant à $\mathscr{A}$ et majorés par D_J : $\mathscr{S}$ contient 0, est stable pour les enveloppes supérieures finies et pour les limites de suites croissantes. Soit alors T un représentant de ess. sup. $\mathscr{S}$ appartenant à $\mathscr{S}$; nous allons montrer que T est p.s. égal à D_J, ce qui démontrera le théorème. Soit (J_n) une suite décroissante d'éléments de $\mathscr{J}$ dont l'intersection est égale à J. Quitte à remplacer J_n par $J_n \cap [\![T, +\infty[\![$, on peut supposer que le début T_n de J_n majore T. Mais comme chaque T_n appartient à $\mathscr{S}$, on a alors $T = T_n$ p.s. pour chaque n. Comme le graphe de T_n est inclus dans J_n, il en résulte que T est égal à D_J. $\quad\square$

Voici alors l'énoncé du théorème général de section.

T9 *Théorème.—* *Soient $\mathscr{T}$ la tribu engendrée par $\mathscr{J}$, et π la projection de $\mathbb{R}_+ \times \Omega$ sur Ω. Pour tout élément A de $\mathscr{T}$ et tout $\varepsilon > 0$, il existe un temps d'arrêt T appartenant à la famille $\mathscr{A}$ tel que l'on ait*

a) $[\![T]\!] \subset A$,

b) $P[\pi(A)] \leqq P\{T < +\infty\} + \varepsilon$.

Si D_A désigne le début de A, l'ensemble $\pi(A)$ est égal à $\{D_A < +\infty\}$: l'inégalité b) s'écrit encore $P\{D_A < +\infty\} \leqq P\{T < +\infty\} + \varepsilon$.

Démonstration.— D'après I-T37, il existe une v.a. positive Z dont le graphe est contenu dans A et telle que $\pi(A)$ soit égale à $\{Z < +\infty\}$. Désignons par λ la mesure sur $(\mathbb{R}_+ \times \Omega, \mathscr{T})$ définie par

$$\lambda(f) = \int\limits_{\{Z < \infty\}} f[Z(\omega), \omega]\, \mathrm{d}P(\omega),$$

où f est une fonction mesurable positive sur $(\mathbb{R}_+ \times \Omega, \mathscr{T})$. Cette mesure est portée par A, a pour masse $\lambda(A) = P[\pi(A)]$, et, pour tout élément B de $\mathscr{T}$, on a

$$\lambda(B) \leqq P[\pi(A \cap B)].$$

D'autre part, comme l'algèbre de Boole $\mathscr{J}$ engendre la tribu $\mathscr{T}$, il existe[4] un élément B de $\mathscr{J}_\delta$ contenu dans A tel que l'on ait $\lambda(A) \leqq \lambda(B) + \varepsilon$, et donc

$$P[\pi(A)] \leqq P[\pi(B)] + \varepsilon.$$

D'après le théorème précédent, il suffit alors de prendre pour T le début de B. $\quad\square$

Comme la famille des temps d'arrêt quelconques (resp accessibles, prévisibles)[5] satisfait aux conditions du no 7, nous avons comme corollaire

---

[4] C'est un résultat bien connu de la théorie de la mesure. C'est aussi une conséquence du théorème de capacitabilité appliqué au pavage $\mathscr{J}$ et à la capacité λ^*.

[5] Si S et T sont prévisibles, $\{S < T\}$ appartient à $\mathscr{F}_{S-}$ d'après III-T37 et donc $S_{\{S < T\}}$ est prévisible d'après III-T49.

T10 *Théorème.— Soit A un ensemble bien-mesurable (resp accessible, prévisible). Pour tout $\varepsilon > 0$, il existe un temps d'arrêt T quelconque (resp accessible, prévisible) tel que l'on ait*

a) $[\![T]\!] \subset A$,

b) $P[\pi(A)] \leqq P\{T < +\infty\} + \varepsilon$, *où π désigne la projection de $\mathbb{R}_+ \times \Omega$ sur Ω.*

En général, on ne peut avoir une section complète comme dans le théorème I-T37: dans l'exemple III-52, l'intervalle stochastique $]\!]0, S[\![$ n'a pas de section complète par un graphe de t.d'a. dès que l'on a $P\{S \leqq t\} > 0$ pour tout $t > 0$, même si S est accessible. Cependant, dans le cas général, un intervalle stochastique de la forme $]\!]S, T[\![$, où T est un t.d'a. prévisible, a toujours une section complète: cela résulte du théorème suivant (mais là n'est pas son intérêt essentiel!).

T11 *Théorème.— Soient S un t.d'a. et T un t.d'a. prévisible tel que l'on ait $S < T$ sur $\{S < +\infty\}$. Soit d'autre part A un ensemble bien-mesurable (resp accessible prévisible) contenu dans $]\!]S, T[\![$ et satisfaisant à la condition suivante:*

$S(\omega)$ est adhérent à la coupe $A(\omega)$ pour tout $\omega \in \{S < +\infty\}$ et $T(\omega)$ est adhérent à la coupe $A(\omega)$ pour tout $\omega \in \{T < +\infty\}$.

Il existe alors une suite décroissante (S_n) de temps d'arrêt quelconques (resp accessibles, prévisibles) convergeant vers S et une suite croissante (T_n) de temps d'arrêt quelconques (resp accessibles, prévisibles) convergeant vers T telles que A contienne les graphes des temps d'arrêt S_n et T_n pour chaque n.

Démonstration.— Nous nous contenterons de considérer le cas où A est prévisible, la démonstration étant similaire dans les autres cas. Démontrons d'abord l'existence de la suite (S_n). Pour tout entier n, l'ensemble prévisible $A_n^S = A \cap]\!]S, S + \frac{1}{n}]\!]$ a sa projection sur Ω égale à $\{S < +\infty\}$. Appliquons le théorème précédent: il existe une suite (S_n) de t.d'a. prévisibles telle que A_n^S contienne $[\![S_n]\!]$ et que l'on ait $P\{S < +\infty\} \leqq P\{S_n < +\infty\} + 2^{-n}$ pour chaque n. La suite (S_n) converge alors vers S, et on peut supposer cette suite décroissante, quitte à remplacer, pour chaque n, S_n par $\inf_{m \leqq n} S_m$: en effet, ce t.d'a. vérifie les mêmes propriétés de section que S_n. Démontrons maintenant l'existence de la suite (T_n). Soit (V_n) une suite de t.d'a. annonçant T: pour chaque n, la projection sur Ω de l'ensemble prévisible $A_n^T = A \cap]\!]V_n, T]\!]$ contient $\{T < +\infty\}$. Appliquons de nouveau le théorème précédent: il existe une suite (U_n) de t.d'a. prévisibles telle que A_n^T contienne $[\![U_n]\!]$ et que l'on ait $P\{T < +\infty\} \leqq P\{U_n < +\infty\} + 2^{-n}$ pour chaque n. On en déduit que la suite (U_n) converge vers T. Posons pour tout n et tout $k \geqq n$

$$T_n^k = \inf_{n \leqq m \leqq k} U_m, \qquad T_n = \inf_k T_n^k = \lim_k T_n^k.$$

Comme on a $\{U_m < T\}$ sur $\{U_m < +\infty\}$, $T_n(\omega)$ est égal à $T_n^k(\omega)$ pour chaque ω si k est suffisamment grand: T_n est donc un t.d'a. prévisible d'après III-T47 et vérifie les mêmes propriétés de section que U_n. Il est alors clair que la suite (T_n) a les propriétés requises dans l'énoncé du théorème. $\Box$

Notons le corollaire intéressant de ce théorème.

T12 *Théorème.*— *Un temps d'arrêt prévisible est annoncé par une suite de temps d'arrêt prévisibles étagés.*

Démonstration.— Soit U un t.d'a. prévisible et appliquons le théorème précédent aux t.d'a. $S = 0$, $T = U_{\{U > 0\}}$ et à l'ensemble prévisible $A = \rrbracket 0, T \llbracket \wedge \left(\bigcap_r \llbracket r \rrbracket \right)$ où r parcourt l'ensemble des rationnels positifs: il existe une suite croissante de t.d'a. prévisibles (T_n), à valeurs dans les rationnels, telle que l'on ait $T = \lim T_n$, et $T_n < T$ sur $\{T < +\infty\}$ pour chaque n. Le t.d'a. U est alors annoncé par la suite de t.d'a. prévisibles étagés (U_n), où U_n est égal à $T_n \wedge U_{\{U = 0\}} \wedge n$ pour chaque n. $\Box$

Applications

Le théorème suivant est très utile pour démontrer des théorèmes d'unicité

T13 *Théorème.*— *Soient* (X_t) *et* (Y_t) *deux processus bien-mesurables (resp accessibles, prévisibles) à valeurs dans un même espace d'état métrisable compact. Si pour tout temps d'arrêt fini et quelconque (resp accessible, prévisible) on a*

$$X_T = Y_T \text{ p.s.}$$

les processus (X_t) *et* (Y_t) *sont indistinguables.*

Démonstration.— Nous nous contenterons de considérer le cas des processus bien-mesurables, la démonstration étant similaire dans les deux autres cas. L'ensemble $A = \{(t, \omega) ; X_t(\omega) \neq Y_t(\omega)\}$ est bien-mesurable. Si A n'était pas évanescent, il existerait, d'après T10, un t.d'a. T dont le graphe, contenu dans A, ne soit pas évanescent. Il existerait alors un $t \in \mathbb{R}_+$ tel que $X_{T \wedge t}$ ne soit pas p.s. égal à $Y_{T \wedge t}$. $\Box$

On remarque que, dans le cas accessible, il suffit en fait de vérifier l'égalité pour les t.d'a. prévisibles, étant donnée la définition d'un t.d'a. accessible. Lorsque les processus sont réels, on peut encore affaiblir la condition d'égalité.

T14 *Théorème.— Soient* (X_t) *et* (Y_t) *deux processus bien-mesurables réels, positifs ou bornés. Si pour tout temps d'arrêt quelconque (resp accessible, prévisible) on a*

$$E\{X_T \, I_{\{T<+\infty\}}\} = E[Y_T \, I_{\{T<+\infty\}}] \qquad (*)$$

les processus (X_t) *et* (Y_t) *sont indistinguables.*

Démonstration.— Nous ne considérerons également que le cas bien-mesurable. Les ensembles

$$A = \{(t, \omega): X_t(\omega) < Y_t(\omega)\} \quad \text{et} \quad A' = \{(t, \omega): X_t(\omega) > Y_t(\omega)\}$$

sont bien-mesurables. Si (X_t) et (Y_t) ne sont pas indistinguables, l'un de ces deux ensembles n'est pas évanescent. Il résulte de T10 qu'il existe alors un t.d'a. T tel que l'égalité (*) ne soit pas vérifiée. ◻

Il est indispensable de vérifier l'égalité (*) pour les temps d'arrêt *finis ou non* pour appliquer ce théorème (cf V-16).

Les théorèmes de section permettent aussi de caractériser les v.a. positives dont les graphes sont accessibles ou prévisibles.

T15 *Théorème.— Pour qu'une variable aléatoire positive* T *soit un temps d'arrêt prévisible (resp accessible, quelconque), il faut et il suffit que son graphe soit un ensemble prévisible (resp accessible, bien-mesurable).*

Démonstration.— Les conditions nécessaires résultent de T3, et la condition suffisante de III-T23 dans le cas bien-mesurable. Démontrons les conditions suffisantes dans les cas accessibles et prévisibles. Si T a un graphe accessible (resp prévisible), il existe d'après T10 une suite (T_n) de t.d'a. accessibles (resp prévisibles) dont les graphes sont contenus dans celui de T et tels que l'on ait $P\{T < +\infty\} \leqq P\{T_n < +\infty\} + 2^{-n}$ pour chaque n. Quitte à remplacer T_n par $T_1 \wedge T_2 \wedge \cdots \wedge T_n$, on peut supposer de plus que la suite (T_n) est décroissante. Alors $T = \lim T_n$ est un t.d'a. accessible (resp prévisible) d'après III-T47. ◻

Le début d'un ensemble prévisible peut ne pas être un t.d'a. accessible: c'est le cas par exemple pour un intervalle stochastique de la forme $]\!]S, +\infty[\![$, où S est totalement inaccessible. On a cependant le résultat suivant.

T16 *Théorème.— Soit A un ensemble prévisible (resp accessible) contenant le graphe de son début* D_A. *Alors* D_A *est un temps d'arrêt prévisible (resp accessible).*

Démonstration.— Comme $]\!]D_A, +\infty[\![$ est prévisible, le graphe $[\![D_A]\!] = A -]\!]D_A, +\infty[\![$ est un ensemble prévisible (resp accessible). Il résulte alors du théorème précédent que D_A est un t.d'a. prévisible (resp accessible). ◻

En particulier, un intervalle stochastique de la forme $[[S, T[[, S < T$ sur $\{S < +\infty\}$, est accessible (resp prévisible) si et seulement si S et T sont des t.d'a. accessibles (resp prévisibles).

Nous montrerons au chapitre VI qu'un ensemble bien-mesurable A dont les coupes $A(\omega)$ sont dénombrables pour tout $\omega \in \Omega$ est égal à la réunion d'une suite de graphes de temps d'arrêt. Pour l'instant, nous nous bornerons à étudier les ensembles dont on sait déjà qu'ils sont contenus dans une telle réunion.

T17 *Théorème.—* *Soit A un ensemble bien-mesurable (resp accessible, prévisible) contenu dans une réunion dénombrable de graphes de temps d'arrêt. Alors A est égal à la réunion d'une suite de graphes de temps d'arrêt quelconques (resp accessibles, prévisibles), et il existe une telle représentation avec des graphes disjoints.*

Démonstration.— Désignons par (S_n) une suite de t.d'a. telle que A soit contenu dans $\bigcup_n [[S_n]]$ et soit T_n le t.d'a. ayant pour graphe l'ensemble bien-mesurable $(A - \bigcup_{p<n} [[S_p]]) \cap [[S_n]]$ pour chaque n. Alors, les t.d'a. T_n ont leurs graphes disjoints et A est égal à $\bigcup_n [[T_n]]$. Supposons maintenant que A soit accessible: nous allons montrer que les T_n sont des t.d'a. accessibles. Pour chaque n, désignons par U_n (resp V_n) la partie accessible (resp totalement inaccessible) de T_n. L'ensemble

$$\bigcup_n [[V_n]] = A - \bigcup_n [[U_n]]$$

est accessible, et il est clair qu'il ne peut contenir de graphe de t.d'a. accessible non p.s. infini: il est donc évanescent d'après T10. Par conséquent, les t.d'a. T_n, égaux à leur partie accessible, sont accessibles. Chaque graphe $[[T_n]]$ est alors inclus dans une réunion dénombrable de graphes de t.d'a. prévisibles. Si A est lui-même prévisible le théorème T15 permet de reprendre le début de la démonstration pour obtenir une suite de t.d'a. prévisibles dont les graphes sont disjoints et et ont leur réunion égale à A.   ☐

Nous verrons au cours du paragraphe suivant, et aussi au cours du chapitre V, que l'on rencontre souvent comme ensembles exceptionnels des ensembles du type que nous venons de considérer. D'autre part, ces ensembles sont, aux ensembles évanescents près, les ensembles bien-mesurables minces au sens de II-27.

Remarque.— Soit A une partie évanescente de $\mathbb{R}_+ \times \Omega$ telle que, pour tout ω, la coupe $A(\omega)$ soit dénombrable. Comme toute fonction positive définie sur Ω et p.s. égale à $+\infty$ est un t.d'a. prévisible, on vérifie sans peine que A est la réunion d'une suite de graphes de t.d'a. prévisibles: en particulier A est un ensemble prévisible.

3. Applications à l'étude des processus

Dans ce paragraphe les processus envisagés sont réels et finis. Cependant,
les résultats de ce paragraphe s'étendent facilement au cas où l'espace
d'états E est métrisable compact, quitte à affaiblir légèrement les énoncés
là où interviennent des espérances. En effet, un tel espace E étant homéo-
morphe à un compact de $\mathbb{R}^N$, on peut considérer que les processus à
valeurs dans E admettent $\mathbb{R}^N$ comme espace d'états, et les propriétés
étudiées (continuité, mesurabilité) ne dépendent en fait que des coordonnées
des trajectoires. Certains énoncés s'étendent même au cas où E est seulement métrisable, grâce au fait que la tribu borélienne d'un espace métrisable est égale à la tribu engendrée par les fonctions continues et bornées
définies sur cet espace.

Au cours de ce paragraphe et du chapitre suivant, nous aurons souvent
besoin d'utiliser un argument de classes monotones pour montrer que les
processus mesurables par rapport à une tribu donnée sur $\mathbb{R}_+ \times \Omega$ vérifient
une certaine propriété. Nous donnons ici le théorème des classes mono-
tones que nous utiliserons. Son énoncé est emprunté à Meyer [31] et
nous nous contenterons d'en esquisser la démonstration.

T18 *Théorème.— Soit $\mathcal{H}$ un espace vectoriel de fonctions finies, définies
sur un ensemble E. On suppose que $\mathcal{H}$ contient les constantes, est fermé pour
la convergence uniforme, et possède la propriété suivante: pour toute suite
croissante (f_n) de fonctions positives de $\mathcal{H}$, la fonction $f = \lim_n f_n$ appartient
à $\mathcal{H}$ lorsqu'elle est finie. Dans ces conditions, si $\mathcal{M}$ est une partie uniformément bornée de $\mathcal{H}$ stable pour la multiplication, l'espace $\mathcal{H}$ contient toutes
les fonctions finies, mesurables par rapport à la tribu engendrée par les
éléments de $\mathcal{M}$.*

Démonstration.— Les éléments de $\mathcal{M}$ sont évidemment à valeurs dans
$[-1, +1]$. Soit Φ l'ensemble des fonctions de $[-1, +1]^N$ dans $\mathbb{R}$ telles
que $\varphi(f_1, \ldots, f_n, \ldots)$ appartienne à $\mathcal{H}$ pour toute $\varphi \in \Phi$ et toute suite (f_n)
d'éléments de $\mathcal{M}$. L'ensemble Φ contient les fonctions polynomiales
et est fermé pour la convergence uniforme: il résulte du théorème de
Stone-Weierstrass que Φ contient toutes les fonctions continues définies
sur $[-1, +1]^N$. D'autre part Φ est stable pour les limites de suites
monotones uniformément bornées: Φ contient donc toutes les fonctions
boréliennes bornées définies sur $[-1, +1]^N$. Il est alors clair que $\mathcal{H}$
contient toutes les fonctions (finies) mesurables par rapport à la tribu
engendrée par les éléments de $\mathcal{M}$. $\square$

Voici une première application de ce théorème: tout processus bien-
mesurable ne diffère d'un processus prévisible que sur un ensemble
«exceptionnel».

T19   *Théorème.— Soit $X = (X_t)$ un processus bien-mesurable. Il existe un processus prévisible $Y = (Y_t)$ tel que l'ensemble $\{X \neq Y\}$ soit contenu dans une réunion dénombrable de graphes de temps d'arrêt.*

Démonstration.— Pour abréger le langage, disons que X et Y sont associés si $\{X \neq Y\}$ est contenu dans une réunion dénombrable de graphes de temps d'arrêt. Soit $\mathcal{H}$ l'ensemble des processus bien-mesurables auxquels on peut associer un processus prévisible. Il est clair que $\mathcal{H}$ est un espace vectoriel qui contient les constantes, et $\mathcal{H}$ est fermé pour les limites simples: si (X^n) est une suite convergente d'éléments de $\mathcal{H}$, et si, pour chaque n, Y^n est un processus prévisible associé à X^n, on peut associer au processus $X = \lim X^n$ le processus prévisible

$$Y = \limsup_n Y^n \cdot I_{\{\limsup |Y^n| < +\infty\}} \, .$$

D'autre part, d'après T4, $\mathcal{H}$ contient les indicatrices des intervalles stochastiques de la forme $[\![S, T[\![$, et ces indicatrices constituent une partie multiplicative de $\mathcal{H}$. Il résulte alors du théorème précédent que $\mathcal{H}$ est égal à l'ensemble des processus bien-mesurables.   ☐

Il n'y a pas unicité du processus prévisible ainsi choisi. Nous reviendrons sur ce genre de problème au chapitre V.

Processus prévisibles et tribus d'événements strictement antérieurs

Le théorème suivant donne un critère pour qu'un processus accessible soit prévisible, critère que l'on pourra comparer à celui du théorème III-T50.

T20   *Théorème.— Soit $X = (X_t)$ un processus accessible. Pour que X soit prévisible, il faut et il suffit que la variable aléatoire $X_T \cdot I_{\{T < +\infty\}}$ soit $\mathcal{F}_{T-}$-mesurable pour tout temps d'arrêt prévisible T. De plus, si X est prévisible, la variable aléatoire $X_T \cdot I_{\{T < +\infty\}}$ est $\mathcal{F}_{T-}$-mesurable pour tout temps d'arrêt T.*

Démonstration.— Nous allons d'abord démontrer le second point, ce qui entraînera la nécessité de la condition énoncée. Désignons par $\mathcal{H}$ l'ensemble des processus prévisibles X tels que $X_T \cdot I_{\{T < +\infty\}}$ soit $\mathcal{F}_{T-}$-mesurable pour tout t.d.a. T: on voit aisément que $\mathcal{H}$ satisfait aux conditions de l'énoncé de T18. D'après T4 et T18, il suffit alors de considérer le cas où X est l'indicatrice d'un intervalle stochastique de la forme $[\![0_A]\!]$, où A appartient à $\mathcal{F}_0$, ou de la forme $]\!]U, V]\!]$. Soit T un temps d'arrêt. Dans le premier cas, $X_T \cdot I_{\{T < +\infty\}}$ est égal à $I_{A \cap \{T = 0\}}$, qui est évidemment $\mathcal{F}_{T-}$-mesurable; dans le second cas, on a

$$X_T \cdot I_{\{T < +\infty\}} = (I_{\{U < T\}} - I_{\{V < T\}}) \cdot I_{\{T < +\infty\}}$$

et donc $X_T \cdot I_{\{T < +\infty\}}$ est $\mathscr{F}_{T-}$-mesurable d'après III-T29. Démontrons maintenant que la condition est suffisante. Soit Y un processus prévisible tel que l'ensemble $\{X \neq Y\}$ soit contenu dans une réunion dénombrable de graphes de t.d'a., que l'on peut supposer accessibles d'après T17. Etant donnée la définition d'un t.d'a. accessible, une nouvelle application de T17 montre qu'il existe alors une suite (S_n) de t.d'a. prévisibles dont les graphes sont disjoints et telle que $\{X \neq Y\}$ soit contenu dans $\bigcup_n \llbracket S_n \rrbracket$. On a l'égalité

$$X = I_A \cdot Y + \sum_n X_{S_n} \cdot I_{\llbracket S_n \rrbracket} \quad \text{où} \quad A = \bigcap_n \llbracket S_n \rrbracket^c.$$

Comme A est un ensemble prévisible, le processus $I_A \cdot Y$ est prévisible. D'autre part, pour chaque n, S_n est un t.d'a. prévisible, et $X_{S_n} \cdot I_{\{S_n < +\infty\}}$ est $\mathscr{F}_{S_n-}$-mesurable par hypothèse: le processus $X_{S_n} \cdot I_{\llbracket S_n \rrbracket}$ est un processus prévisible élémentaire. Il est alors clair que X est prévisible.   ☐

Réciproquement, les processus prévisibles permettent de caractériser les éléments d'une tribu du type $\mathscr{F}_{T-}$: on obtient alors une définition globale de ces tribus.   ☐

T21   *Théorème.*— *Soit* T *un temps d'arrêt. Une variable aléatoire* Z $\mathscr{F}_\infty$-*mesurable est* $\mathscr{F}_{T-}$-*mesurable si et seulement s'il existe un processus prévisible* $X = (X_t)$ *tel que l'on ait* $X_T = Z$ *sur l'ensemble* $\{T < +\infty\}$.

Démonstration.— La condition est suffisante d'après III-T31 et le théorème précédent. Démontrons sa nécessité. Désignons par $\mathscr{H}$ l'ensemble des v.a. $\mathscr{F}_{T-}$-mesurables Z telles qu'il existe un processus prévisible X pour lequel on ait $X_T = Z$ sur $\{T < +\infty\}$: on vérifie comme dans la démonstration de T19 que $\mathscr{H}$ satisfait aux conditions de l'énoncé de T18. Il suffit donc de démontrer la nécessité de la condition lorsque Z est l'indicatrice d'un des générateurs définissant la tribu $\mathscr{F}_{T-}$, i.e. lorsque Z est l'indicatrice d'un élément A de $\mathscr{F}_0$ ou d'un ensemble de la forme $B \cap \{s < T\}$, $B \in \mathscr{F}_s$. Il suffit alors de prendre pour processus prévisible l'indicatrice de $\llbracket 0_A, +\infty \llbracket$ dans le premier cas, et l'indicatrice de $\rrbracket s_B, +\infty \llbracket$ dans le second cas.   ☐

On a évidemment un théorème analogue en prenant la tribu $\mathscr{F}_T$ au lieu de la tribu $\mathscr{F}_{T-}$ et en remplaçant «prévisible» par «bien-mesurable». On pourrait aussi définir une tribu intermédiaire entre $\mathscr{F}_{T-}$ et $\mathscr{F}_T$ en prenant des processus accessibles. Cette tribu intermédiaire semble dépourvue d'intérêt.

Processus continus à gauche

T22   *Théorème.*— *Un processus* $X = (X_t)$ *adapté et continu à gauche est prévisible.*

Démonstration.— Pour tout entier n, posons

$$X^n = X_0 \cdot I_{[\![0]\!]} + \sum_k X_{k/n} \cdot I_{]\!]k/n,(k+1)/n]\!]} \cdot$$

Le processus X^n est prévisible puisqu'il est égal à une combinaison linéaire dénombrable de processus prévisibles élémentaires. Il est alors clair que $X = \lim\limits_n X^n$ est un processus prévisible. $\square$

Il résulte alors de T4 et de ce théorème que la tribu des ensembles prévisibles est engendrée par les processus adaptés et continus à gauche. De plus, il résulte de T20 que les v.a. $X_{k/n}$ de la démonstration sont $\mathscr{F}_{(k/n)-}$-mesurables: la tribu $\mathscr{T}_3$ est donc engendrée par les intervalles stochastiques de la forme $[\![0_A]\!]$, $A \in \mathscr{F}_0$ et de la forme $]\!]s_B, t_B]\!]$, $B \in \mathscr{F}_{s-}$. On a en outre le résultat suivant:

T23 *Théorème.*— *La tribu $\mathscr{T}_3$ est égale à la tribu engendrée par les processus adaptés et continus.*

Démonstration.— Les processus adaptés et continus sont prévisibles d'après le théorème précédent. Réciproquement, le processus $I_{[\![0_A, +\infty[\![}$ est continu et adapté si A appartient à $\mathscr{F}_0$, et un intervalle stochastique de la forme $]\!]S, +\infty[\![$ est égal à l'ensemble $\{X > 0\}$, où $X = (X_t)$ est le processus adapté et continu défini par $X_t = t - S \wedge t$. $\square$

Nous allons caractériser maintenant les processus p.s. continus à gauche suivant leur comportement par rapport aux suites croissantes de temps d'arrêt. Ce résultat ne sera utilisé par la suite que pour démontrer le théorème T20 du chapitre V.

T24 *Théorème.*— *Soit $X = (X_t)$ un processus prévisible borné. Pour que X soit p.s. continu à gauche, il faut et il suffit que l'on ait*

$$\lim_n E\left[X_{S_n}\right] = E\left[X_{\lim\limits_n S_n}\right]$$

pour toute suite croissante (S_n) de temps d'arrêt prévisibles uniformément bornée.

Démonstration.— La condition est évidemment nécessaire. Démontrons qu'elle est suffisante: supposons que X ne soit pas p.s. continu à gauche. Posons $\overline{X}_0 = \underline{X}_0 = X_0$ et, pour tout $t > 0$,

$$\overline{X}_t = \limsup_{\substack{s<t \\ s\to t}} X_s, \quad \underline{X}_t = \liminf_{\substack{s<t \\ s\to t}} X_s \cdot$$

Nous verrons au no 3 du chapitre VI que les fonctions $\overline{X} = (\overline{X}_t)$ et $\underline{X} = (\underline{X}_t)$ ainsi définies sur $\mathbb{R}_+ \times \Omega$ sont des processus prévisibles dès que X est progressif. Si X n'est pas p.s. continu à gauche, l'un des ensembles prévisibles

$$\{(t, \omega): \underline{X}_t(\omega) < X_t(\omega)\}, \quad \{(t, \omega): X_t(\omega) < \overline{X}_t(\omega)\}$$

n'est pas évanescent : nous supposerons que le second ne l'est pas, l'autre cas se traitant d'une manière analogue. Il existe alors un réel a tel que l'ensemble prévisible

$$\{(t, \omega): X_t(\omega) < a < \overline{X}_t(\omega)\}$$

ne soit pas évanescent puisque $\{X < \overline{X}\}$ est égal à $\bigcup_r \{X < r < \overline{X}\}$, r parcourant l'ensemble des rationnels. Appliquons le théorème de section T10 à cet ensemble : il existe un t.d'a. prévisible T tel que $\{T < +\infty\}$ ne soit pas négligeable et que l'on ait

$$X_T < a < \overline{X}_T \text{ sur } \{T < +\infty\}.$$

D'autre part, comme $\overline{X}_0$ est égal à X_0, T est strictement positif, et il résulte de la définition de $\overline{X}$ que $T(\omega)$ est adhérent à la coupe $A(\omega)$ de l'ensemble prévisible

$$A = [\![0, T[\![\,\wedge\, \{(t, \omega): X_t(\omega) > a\}$$

pour tout $\omega \in \{T < +\infty\}$. Il existe alors d'après T11 une suite croissante (T_n) de t.d'a. prévisibles convergeant vers T telle que A contienne $[\![T_n]\!]$ pour tout n, et l'on a

$$\liminf_n E\left[X_{T_n} \cdot I_{\{T_n < +\infty\}}\right] \geqq a \cdot P\{T < +\infty\} > E[X_T \cdot I_{\{T < +\infty\}}].$$

Il ne reste donc plus qu'à tronquer les t.d'a. T_n à un entier suffisamment grand pour obtenir une suite croissante (S_n) de t.d'a. prévisibles uniformément bornée qui ne vérifie pas la condition du théorème. $\quad\Box$

Processus continus à droite

T25 *Théorème.—* *Un processus $X = (X_t)$ adapté, continu à droite et admettant des limites à gauche est bien-mesurable.*

Démonstration.— Pour tout $\varepsilon > 0$, définissons par récurrence une suite croissante de t.d'a. (T_n^ε) de la manière suivante :

$$T_1^\varepsilon(\omega) = 0$$

et, si T_n^ε est défini,

$$T_{n+1}^\varepsilon(\omega) = \inf \{t > T_n^\varepsilon(\omega): |X_t(\omega) - X_{T_n^\varepsilon}(\omega)| \geqq \varepsilon\}$$

où $T_{n+1}^\varepsilon(\omega)$ vaut $+\infty$ si cet ensemble est vide ou si $T_n^\varepsilon(\omega)$ est égal à $+\infty$. On démontre par récurrence qu'on définit bien ainsi des temps d'arrêt: T_{n+1}^{ε} est le début d'un ensemble progressif, le processus X étant progressif et le processus $X_{T_n^{\varepsilon}} \cdot I_{[\![T_n^{\varepsilon}, +\infty[\![}$ étant un processus bien-mesurable élémentaire. Comme le processus X est continu à droite, on a $\left| X_{T_{n+1}^{\varepsilon}} - X_{T_n^{\varepsilon}} \right| \geqq \varepsilon$ sur l'ensemble $\{T_{n+1}^{\varepsilon} < +\infty\}$, et l'absence de discontinuités oscillatoires est équivalente au fait que (T_n^{ε}) converge vers $+\infty$ pour tout $\varepsilon > 0$. Posons pour tout $\varepsilon > 0$

$$X^{\varepsilon} = \sum_n X_{T_n^{\varepsilon}} \cdot I_{[\![T_n^{\varepsilon}, T_{n+1}^{\varepsilon}[\![}.$$

Le processus X^{ε} est bien-mesurable, étant égal à une combinaison linéaire dénombrable de processus bien-mesurables élémentaires. Soit alors (ε_n) une suite de réels > 0 tendant vers 0: comme on a $X = \lim X^{\varepsilon_n}$, le processus X est bien-mesurable. $\square$

Etant donnée la définition de la tribu des ensembles bien-mesurables, on a comme corollaire

T26   *Théorème.*— *La tribu $\mathcal{T}_1$ est égale à la tribu engendrée par les processus adaptés, continus à droite et admettant des limites à gauche.*

Un processus adapté, continu à droite (sans hypothèse sur l'existence de limites à gauche) est aussi bien-mesurable. Pour démontrer cela, on pourrait construire une suite transfinie $(T_{\alpha}^{\varepsilon})$ de t.d'a. au lieu d'une suite (T_n^{ε}) comme dans la démonstration de T25 et utiliser le même schéma de démonstration, étant donné qu'il existe un ordinal dénombrable α tel que T_{α}^{ε} soit p.s. égal à $+\infty$.

Nous allons utiliser une autre méthode qui évite l'emploi de la récurrence transfinie et dont le principe peut s'appliquer à des situations diverses[6].

T27   *Théorème.*— *Un processus $X = (X_t)$ adapté et continu à droite est bien-mesurable.*

Démonstration.— Remarquons d'abord qu'un processus évanescent et continu à droite $Z = (Z_t)$ est bien-mesurable. En effet, posons, pour tout entier n

$$Z^n = Z \cdot I_{[\![0]\!]} + \sum_n Z_{(k+1)/n} \cdot I_{]\!]k/n, (k+1)/n]\!]}.$$

La v.a. $Z_{(k+1)/n}$, p.s. égale à 0, étant $\mathcal{F}_{k/n}$-mesurable, il est clair que Z^n est bien-mesurable: $Z = \lim_n Z^n$ est donc aussi bien-mesurable. Par conséquent, il suffit de montrer que X est indistinguable d'un processus bien-mesurable et donc d'établir, pour tout rationnel $\varepsilon > 0$, l'existence d'un processus bien-mesurable X^{ε} tel que l'ensemble

$$\{(t, \omega): \left| X_t(\omega) - X_t^{\varepsilon}(\omega) \right| \geqq \varepsilon\}$$

---

[6] Voir en particulier la démonstration de T8 et le paragraphe 2 du chapitre VI.

soit évanescent. Fixons ε et désignons par $\mathscr{A}$ l'ensemble des t.d'a. S pour lesquels il existe un processus bien-mesurable Y^S tel que l'ensemble

$$\{(t, \omega) : t \in [0, S(\omega)[, \, |X_t(\omega) - Y_t^S(\omega)| \geq \varepsilon\}$$

soit évanescent. L'ensemble $\mathscr{A}$ contient le t.d'a. 0 et on vérifie facilement que $\mathscr{A}$ est saturé pour l'égalité p.s., stable pour les opérations latticielles et fermé pour les limites de suites croissantes. Désignons par T un représentant de ess. sup. $\mathscr{A}$: nous allons montrer que T est égal p.s. à $+\infty$, ce qui achèvera la démonstration du théorème. Soit U le début de l'ensemble progressif

$$\{(t, \omega) : t > T(\omega), |X_t(\omega) - X_T(\omega)| \geq \varepsilon\}.$$

Le t.d'a. U appartient à $\mathscr{A}$ puisqu'on peut lui associer le processus bien-mesurable

$$Y^U = Y^T \cdot I_{[\![0, T[\![} + X_T \cdot I_{[\![T, U[\![}$$

et donc $T = U$ p.s. D'autre part, comme X est continu à droite, on a $T < U$ sur $\{U < +\infty\}$, et par conséquent T est p.s. égal à $+\infty$. ∎

Nous allons caractériser maintenant les processus bien-mesurables p.s. continus à droite, et, parmi eux, ceux qui admettent p.s. des limites à gauche, suivant leur comportement par rapport aux suites monotones de temps d'arrêt. Comme T24, ce théorème ne sera utilisé par la suite que pour démontrer le théorème T20 du chapitre V.

T28 · *Théorème.*— *Soit* $X = (X_t)$ *un processus bien-mesurable borné. Pour que* X *soit p.s. continu à droite, il faut et il suffit que la condition suivante soit satisfaite :*

pour toute suite décroissante (S_n) *de temps d'arrêt bornés, on a* $\lim_n E[X_{S_n}] = E\left[X_{\lim_n S_n}\right].$

Pour que de plus X *admette p.s. des limites à gauche, il faut et il suffit qu'il satisfasse de plus à la condition suivante :*

pour toute suite croissante (S_n) *de temps d'arrêt uniformément bornée,* $\lim_n E[X_{S_n}]$ *existe.*

Démonstration.— Les conditions de l'énoncé sont évidemment nécessaires. Démontrons que la première condition est suffisante. Comme la limite d'une suite uniformément convergente de processus p.s. continus à droite est encore p.s. continue à droite, il suffit de démontrer que, pour tout rationnel $\varepsilon > 0$, il existe un processus bien-mesurable et continu à droite X^ε tel que l'ensemble $\{(t, \omega) : |X_t(\omega) - X_t^\varepsilon(\omega)| \geq \varepsilon\}$ soit évanescent. Nous pouvons alors reprendre le schéma de la démonstration de T27. Fixons ε et désignons par $\mathscr{A}$ l'ensemble des t.d'a. S pour lequel il existe un processus bien-mesurable et continu à droite Y^S tel que l'ensemble $\{(t, \omega) : t \in [0, S(\omega)[, \, |X_t(\omega) - Y_t^S(\omega)| \geq \varepsilon]\}$ soit évanescent : on démontre comme ci-dessus que $\mathscr{A}$ contient un t.d'a. T qui est p.s. égal au début de l'ensemble bien-mesurable

$$\{(t, \omega) : t > T(\omega), |X_t(\omega) - X_T(\omega)| \geqq \varepsilon\}.$$

Si X est p.s. continu à droite, T est p.s. égal à $+\infty$. Supposons que l'on ait $P\{T < +\infty\} > 0$, et désignons par D (resp D') l'∞-début de l'ensemble bien-mesurable

$$\{(t, \omega) : t > T(\omega), X_t(\omega) \geqq X_T(\omega) + \varepsilon\},$$
$$(\text{resp } \{(t, \omega) : t > T(\omega), X_t(\omega) \leqq X_T(\omega) - \varepsilon\}).$$

L'ensemble $\{T = D < +\infty$ ou $T = D' < +\infty\}$ est p.s. égal à $\{T < +\infty\}$: nous supposerons que $\{T = D < +\infty\}$ n'est pas négligeable, l'autre cas ce traitant d'une manière analogue. Désignons par S la restriction de T à l'ensemble $\{T = D < +\infty\}$: $S(\omega)$ est adhérent à la coupe $A(\omega)$ de l'ensemble bien-mesurable

$$A = \{(t, \omega) : t > S(\omega), X_t(\omega) \geqq X_S(\omega) + \varepsilon\}$$

pour tout $\omega \in \{S < +\infty\}$. Il existe alors d'après T11 une suite décroissante de t.d'a. (S_n) convergeant vers S telle que A contienne $[\![S_n]\!]$ pour tout n, et l'on a

$$\liminf_n E[X_{S_n} I_{\{S_n < +\infty\}}] \geqq E[X_S \cdot I_{\{S < +\infty\}}] + \varepsilon \cdot P\{S < +\infty\}.$$

Il ne reste plus donc qu'à tronquer les t.d'a. S_n à un entier suffisamment grand pour obtenir une suite décroissante de t.d'a. bornés qui ne vérifie pas la première condition du théorème. Passons maintenant à la démonstration de la suffisance de la seconde condition. Reprenons les suites de t.d'a. définies par récurrence dans la démonstration de T25: pour tout $\varepsilon > 0$, $T_1^\varepsilon = 0$ et

$$T_{n+1}^\varepsilon(\omega) = \inf\{t > T_n(\omega) : |X_t(\omega) - X_{T_n}(\omega)| \geqq \varepsilon\}.$$

Supposons que X soit p.s. continu à droite, mais n'admette pas p.s. des limites à gauche. Alors il existe un $\varepsilon > 0$ tel que $T_\infty^\varepsilon = \lim_n T_n^\varepsilon$ ne soit pas p.s. égal à $+\infty$. Ce nombre ε étant fixé, l'ensemble

$$\{T_\infty^\varepsilon < +\infty, \liminf_n X_{T_n^\varepsilon} < \limsup_n X_{T_n^\varepsilon}\}$$

n'est pas négligeable. Il existe donc un rationnel $s > 0$ et un couple de rationnels (a, b) tel que l'ensemble

$$\{T_\infty^\varepsilon < s, \liminf_n X_{T_n^\varepsilon} < a < b < \limsup_n X_{T_n^\varepsilon}\}$$

ne soit pas négligeable. Définissons par récurrence une suite de t.d'a. (S_n) de la manière suivante :

$$S_1 = 0,$$
$$S_{2n} = \inf \{t \in [0, s] : t > S_{2n-1}, X_t \leq a\},$$
$$S_{2n+1} = \inf \{t \in [0, s] : t > S_{2n}, X_t \geq b\}.$$

La suite $(S_n \wedge s)$ est croissante, uniformément bornée, et $\lim_n E\,[X_{S_n \wedge s}]$ n'existe pas. Par conséquent, la seconde condition est suffisante pour que X admette de plus p.s. des limites à gauche. $\square$

Remarque.— Pour démontrer la suffisance de la seconde condition, on pourrait aussi adopter un raisonnement analogue à celui de la démonstration de T24: on aurait pu démontrer ainsi que cette condition est nécessaire et suffisante pour que X admette p.s. des limites à gauche, sans hypothèse sur l'existence de limites à droite.

Nous allons poursuivre maintenant l'étude des processus adaptés, continus à droite et admettant des limites à gauche : nous allons caractériser ceux qui sont accessibles et ceux qui sont prévisibles suivant la nature de leurs sauts. Ces résultats joueront un rôle important dans l'étude des processus croissants.

29   Soit $X = (X_t)$ un processus adapté, continu à droite et admettant des limites à gauche. Nous dirons que X *charge* un t.d'a. T si l'on a $P\{X_T \neq X_{T-}, T < +\infty\} > 0$ et que X *a un saut en* T si de plus on a $X_T \neq X_{T-}$ p.s. sur l'ensemble $\{T < +\infty\}$. Enfin, nous dirons qu'une suite (T_n) de t.d'a. *épuise les sauts* de X si les conditions suivantes sont satisfaites: X a un saut en T_n pour chaque n, les graphes des t.d'a. T_n sont disjoints, et X ne charge aucun t.d'a. dont le graphe est disjoint des graphes des T_n.

T30   *Théorème.*— *Soit* $X = (X_t)$ *un processus adapté, continu à droite et admettant des limites à gauche. Il existe une suite de temps d'arrêt* (T_n) *qui épuise les sauts de* X. *Si* X *est accessible, les temps d'arrêt* T_n *sont accessibles; si* X *est prévisible, les temps d'arrêt* T_n *peuvent être choisis prévisibles.*

Démonstration.— Désignons par $Y = (Y_t)$ le processus (X_{t-}), qui est prévisible d'après T22, et soit $A = \{X \neq Y\}$: nous allons montrer que A est contenu dans une réunion dénombrable de graphes de t.d'a., et le théorème sera alors une conséquence immédiate de T17. Pour chaque entier n, posons

$$A = \left\{|X - Y| > \frac{1}{n}\right\}.$$

L'ensemble A_n est bien-mesurable, et A est égal à la réunion des A_n. D'autre part, comme X est continu à droite et admet des limites à gauches, la coupe $A_n(\omega)$ n'a pas de point d'accumulation dans $\mathbb{R}_+$ pour tout n et tout ω: A_n est alors la réunion des graphes de ses p-débuts lorsque p parcourt les entiers. Donc A est contenu dans une réunion dénombrable de graphes de t.d'a. ▯

T31 *Théorème.*— *Soit* $X = (X_t)$ *un processus adapté, continu à droite et admettant des limites à gauche.*

a) *Le processus* X *est accessible si et seulement s'il ne charge aucun temps d'arrêt totalement inaccessible.*

b) *Supposons le processus* X *accessible. Il est alors prévisible si et seulement si la variable aléatoire* $X_T \cdot I_{\{T < +\infty\}}$ *est* $\mathscr{F}_{T-}$*-mesurable pour tout temps d'arrêt prévisible* T. *De plus, si* X *est prévisible,* $X_T \cdot I_{\{T < +\infty\}}$ *est* $\mathscr{F}_{T-}$*-mesurable pour tout temps d'arrêt* T.

Démonstration.— Le point b) est un cas particulier de T20. Démontrons le point a). Désignons par $Y = (Y_t)$ le processus (X_{t-}), qui est prévisible d'après T22, et soit (T_n) une suite de t.d'a. qui épuise les sauts de X. D'après le théorème précédent, les t.d'a. T_n sont accessibles si X est accessible: la condition est donc nécessaire. Réciproquement, si X ne charge aucun t.d'a. totalement inaccessible, les t.d'a. T_n sont accessibles. On a l'égalité

$$X = I_A \cdot Y + \sum_n X_{T_n} \cdot I_{[\![T_n]\!]} \quad \text{où } A = \bigcap_n [\![T_n]\!]^c.$$

Comme A est un ensemble accessible, le processus $I_A \cdot Y$ est accessible, et, pour chaque n, $X_{T_n} \cdot I_{[\![T_n]\!]}$ est un processus accessible élémentaire. Il est alors clair que X est accessible. ▯

Nous allons définir maintenant une notion de continuité à gauche analogue à celle définie pour les familles de tribus.

T32 *Théorème.*— *Soit* $X = (X_t)$ *un processus adapté, continu à droite et admettant des limites à gauche. Les trois assertions suivantes sont équivalentes.*

a) *Les temps de saut de* X *sont totalement inaccessibles,*

b) *le processus* X *ne charge aucun temps d'arrêt prévisible,*

c) *si* (T_n) *est une suite croissante de temps d'arrêt, on a p.s.*

$$\lim_n X_{T_n} = X_{\lim_n T_n} \quad sur \quad \{\lim_n T_n < +\infty\}.$$

Nous dirons que le processus X *est* quasi-continu à gauche *s'il satisfait à l'une de ces conditions.*

Démonstration.— On vérifie aisément que c) entraine b) et que b) entraine a). Nous nous contenterons de vérifier que a) entraine c). Soit

(T_n) une suite croissante de t.d'a.; désignons par T sa limite et par A l'ensemble $\bigwedge_n \{T_n < T\}$. Sur $A^c \cap \{T < +\infty\}$, on a évidemment $\lim X_{T_n} = X_T$. D'autre part, la restriction T_A est un t.d'a. accessible (cf III-43); comme X ne charge pas les t.d'a. accessibles par hypothèse, on a aussi $\lim X_{T_n} = X_T$ sur $A \cap \{T < +\infty\}$. ◻

Il résulte de T31 et T32 que le processus X est p.s. continu s'il est à la fois accessible et quasi-continu à gauche; il est alors prévisible. Nous verrons au chapitre suivant que toute martingale continue à droite est quasi-continue à gauche lorsque la famille $(\mathscr{F}_t)$ est elle-même quasi-continue à gauche.

4. Processus croissants

D33 *Définition.— Un processus réel et fini $A = (A_t)$ est dit* croissant *si les conditions suivantes sont satisfaites:*

a) *les trajectoires de A sont des fonctions croissantes continues à droite,*

b) *la variable aléatoire A_0 est nulle, et, pour chaque $t \in \mathbb{R}_+$, la variable aléatoire A_t est intégrable.*

Il résulte de T25 que le processus croissant A est bien-mesurable dès qu'il est adapté; d'autre part, A admet évidemment des limites à gauche, et le processus (A_{t-}) est prévisible d'après T22 si A est adapté. Le processus A possède toujours une v.a. terminale $A_\infty = \lim_{t \to \infty} A_t$, finie ou non: cela permet de définir la v.a. A_T pour tout t.d'a. T. Lorsque A_∞ est une v.a. intégrable, nous dirons que A est un processus croissant *intégrable.*

Parmi les processus croissants adaptés, ceux qui sont accessibles ou prévisibles sont caractérisés par leurs sauts d'après T31: étant donnée l'importance de ce théorème, nous en rappelons l'énoncé.

T34 *Théorème.— Soit $A = (A_t)$ un processus croissant adapté (donc bien-mesurable).*

a) *Il est accessible si et seulement si l'on a $P\{A_T \neq A_{T-}\} = 0$ pour tout temps d'arrêt totalement inaccessible T.*

b) *Supposons A accessible. Il est alors prévisible si et seulement si A_T est $\mathscr{F}_{T-}$-mesurable pour tout temps d'arrêt prévisible T. De plus, si A est prévisible, A_T est $\mathscr{F}_{T-}$-mesurable pour tout temps d'arrêt T.*

Comme les processus croissants prévisibles jouent un rôle particulièrement important (ce sont les processus croissants appelés «naturels» par Meyer), la caractérisation des processus croissants accessibles est surtout intéressante lorsque $(\mathscr{F}_t)$ est quasi-continue à gauche. Notons aussi qu'un processus croissant, adapté et continu, est prévisible d'après T22.

35 *Exemples.*— Nous allons donner maintenant quelques exemples simples de processus croissants. Ces processus seront dits *élémentaires* par la suite.

Soit T une v.a. positive, et posons, pour tout $t \in \mathbb{R}_+$,

$$A_t = I_{\{0 < T \leq t\}}.$$

Le processus $A = (A_t)$ est un processus croissant. Il est adapté, et donc bien-mesurable, si et seulement si T est un temps d'arrêt: A est alors l'indicatrice de l'intervalle stochastique $[\![T_{\{T>0\}}, +\infty[\![$. Il résulte de T16 que A est un processus accessible (resp prévisible) si et seulement si T est un t.d'a. accessible (resp prévisible). D'autre part, A est quasi-continu à gauche si et seulement si $T_{\{T>0\}}$ est un t.d'a. totalement inaccessible.

36 Soit $A = (A_t)$ un processus croissant. Pour tout ω, la trajectoire $t \to A_t(\omega)$ est la fonction de répartition d'une mesure $\alpha(\omega)$ sur $\mathbb{R}_+$, bornée sur tout compact, et sans masse à l'origine. Il est clair que A est un processus continu si et seulement si $\alpha(\omega)$ est une mesure diffuse pour tout ω. Lorsque $\alpha(\omega)$ est une mesure purement atomique pour tout ω, nous dirons que A est *purement discontinu*. On sait que toute mesure peut se décomposer d'une manière unique en une partie diffuse et une partie atomique: c'est ce qu'exprime le théorème suivant pour les processus croissants.

T37 *Théorème.*— *Soit $A = (A_t)$ un processus croissant. Alors A admet une décomposition unique de la forme*

$$A_t = A_t^c + A_t^d,$$

où $A^c = (A_t^c)$ est un processus croissant continu et $A^d = (A_t^d)$ est un processus croissant purement discontinu. Si A est bien-mesurable (resp accessible, prévisible), alors A^c est prévisible et A^d est bien-mesurable (resp accessible, prévisible).

Démonstration.— Nous supposerons que A est bien-mesurable: cela ne restreint pas la généralité puisqu'un processus mesurable est bien-mesurable par rapport à la famille de tribus $(\mathcal{G}_t)$ où $\mathcal{G}_t$ est égale à $\mathcal{F}$ pour chaque t. Soit (T_n) une suite de temps d'arrêt épuisant les sauts de A et posons

$$B^n = (A_{T_n} - A_{T_n-}) \cdot I_{[\![T_n, +\infty[\![}, \quad A^d = \sum_n B^n.$$

Pour chaque n, B^n est un processus croissant bien-mesurable, ainsi que le processus $A - B^n$: A^d est aussi un processus croissant bien-mesurable, la continuité à droite des trajectoires étant assurée par le théorème de convergence de Lebesgue appliqué à la série. Comme pour chaque ω, la trajectoire $t \to A_t^d(\omega)$ correspond à la partie atomique de la mesure associée à $t \to A_t(\omega)$, $A^c = A - A^d$ est un processus croissant continu, et il clair que la décomposition $A = A^c + A^d$ en partie continue et partie purement discontinue est unique. D'autre part, le processus A^c est bien-mesurable: comme il est continu. il est de plus prévisible. Donc, si A est accessible (resp prévisible), $A^d = A - A^c$ est aussi accessible (resp prévisible). ▯

Nous allons décomposer maintenant tout processus croissant pure-ment discontinu en une combinaison linéaire dénombrable de processus croissants élémentaires, ce qui, pour les trajectoires, revient à décomposer une mesure atomique en une somme de mesures ponctuelles.

T38   *Théorème.— Soit $A = (A_t)$ un processus croissant bien-mesurable (resp accessible, prévisible) et purement discontinu. Il existe une suite (a_n) de réels > 0 et une suite (T_n) de temps d'arrêt strictement positifs quelconques (resp accessibles, prévisibles) telles que l'on ait*

$$A = \sum_n a_n \cdot I_{[\![T_n, +\infty [\![}.$$

Démonstration.— D'après T30, il existe une suite (S_n) de t.d'a. quel-conques (resp accessibles, prévisibles) qui épuise les sauts de A. Nous nous contenterons de considérer le cas où A est prévisible, la démonstra-tion étant similaire dans les autres cas. Comme on a

$$A = \sum_n (A_{S_n} - A_{S_n-}) \cdot I_{[\![S_n, +\infty [\![},$$

il suffit d'établir l'existence de la décomposition de l'énoncé lorsque A est de la forme

$$A = (A_S - A_{S-}) \cdot I_{[\![S, +\infty [\![},$$

où S est un temps d'arrêt prévisible strictement positif. Comme la v.a. $Z = (A_S - A_{S-}) \cdot I_{\{S < +\infty\}}$ est $\mathscr{F}_S$-mesurable d'après T34, il existe une suite croissante (Z_n) de v.a. étagées et $\mathscr{F}_{S-}$-mesurables telles que l'on ait $Z = \lim_n Z_n$. Il existe donc une suite (a_n) de réels > 0 et une suite (H_n) d'éléments de $\mathscr{F}_{S-}$ telles que l'on ait

$$Z = \sum_n a_n \cdot I_{H_n}.$$

Désignons par T_n la restriction de S à H_n, qui est prévisible d'après III-T49: on a alors

$$A = \sum_n a_n \cdot I_{[\![T_n, +\infty [\![}. ▯$$

Intégration par rapport à un processus croissant

Désormais, les processus envisagés sont réels, et nous ferons l'abus de langage qui consiste à confondre les classes d'équivalence de processus indistinguables avec un de leurs représentants: en particulier, une fonction définie sur $\mathbb{R}_+ \times \Omega$, sauf éventuellement sur un ensemble évanescent, sera considérée comme définie partout.

39 Soit $A = (A_t)$ un processus croissant. Pour chaque ω, on peut associer à la trajectoire $t \to A_t(\omega)$ une intégrale de Stieltjes-Lebesgue. Nous désignerons par $L^1(A)$ l'ensemble des processus mesurables X tels que l'on ait[7]

$$E\left[\int_0^t |X_s(\omega)| \, dA_s(\omega)\right] < +\infty \text{ pour tout } t \in \mathbb{R}_+.$$

Lorsque X appartient à $L^1(A)$, il résulte du théorème de Fubini que l'intégrale

$$\int_0^t X_s \, dA_s$$

a un sens pour tout $t \in \mathbb{R}_+$, en dehors d'un ensemble négligeable. Le processus ainsi défini (en dehors d'un ensemble évanescent) sera noté

$$X * A = ((X * A)_t).$$

D'une part, il résulte du théorème de Lebesgue que $X * A$ est un processus continu à droite, et continu si A est continu. On a d'autre part $X * A = X^+ * A - X^- * A$: $X * A$ est donc égal à la différence de deux processus croissants. Supposons maintenant que X soit progressif et que A soit adapté (et donc bien-mesurable): d'après le théorème de Fubini, $(X * A)_t$ est $\mathscr{F}_t$-mesurable pour chaque t, et $X * A$ est alors un processus bien-mesurable. Décomposons A en sa partie continue et en somme de processus croissants élémentaires (cf T37 et T38)

$$A = A^c + \sum_n a_n \cdot I_{[\![T_n, +\infty[\![}},$$

on a alors

$$X * A = X * A^c + \sum_n a_n X_{T_n} \cdot I_{[\![T_n, +\infty[\![}}.$$

Par conséquent $X * A$ est accessible si A est accessible, et est prévisible si A et X sont prévisibles ou si A est continu.

Remarque.— Pour tout processus mesurable positif X, l'expression $\int_0^t X_s \, dA_s$ a également un sens pour tout t, et définit un processus à valeurs dans $\overline{\mathbb{R}}_+$ que nous noterons encore $X * A$. On a évidemment les mêmes critères de mesurabilité que ci-dessus. Mais on notera que le processus $X * A$, qui admet des limites à gauche et à droite, peut ne

---

[7] Une intégrale notée $\int_a^b$ sera toujours une intégrale sur l'intervalle semi-ouvert $]a, b]$. Les mesures sur $\mathbb{R}_+$ que nous rencontrerons n'auront jamais de masse en 0.

pas être continu à droite à l'instant aléatoire

$$T(\omega) = \inf \left\{ t \colon \int_0^t X_s(\omega) \, \mathrm{d}A_s'(\omega) = +\infty \right\}.$$

40 A chaque processus croissant $A = (A_t)$, on associe la mesure σ-finie μ_A sur $\mathbb{R}_+ \times \Omega$ définie par

$$\mu_A(X) = E\left[\int_0^\infty X_t \, \mathrm{d}A_t \right] = E[(X * A)_\infty],$$

où X parcourt l'ensemble des processus mesurables positifs: c'est une mesure bornée si et seulement si A est un processus croissant intégrable. Nous dirons que μ_A est la *mesure engendrée par le processus croissant A*. Le théorème suivant caractérise les mesures σ-finies sur $\mathbb{R}_+ \times \Omega$ engendrées par des processus croissants.

T41 *Théorème.*— *Soit μ une mesure σ-finie sur $(\mathbb{R}_+ \times \Omega, \mathscr{B}(\mathbb{R}_+) \overset{\wedge}{\otimes} \mathscr{F})$. Elle est engendrée par un processus croissant $A = (A_t)$ si et seulement si les conditions suivantes sont satisfaites*

a) $\mu(\llbracket 0 \rrbracket) = 0$ *et* $\mu(\llbracket 0, t \rrbracket) < +\infty$ *pour tout* $t \in \mathbb{R}_+$,

b) *si X est un processus mesurable évanescent, on a* $\mu(X) = 0$.

De plus, le processus croissant qui engendre μ est unique à l'indistinguabilité près.

Démonstration.— Les conditions a) et b) sont évidemment nécessaires. Démontrons qu'elles sont suffisantes. Pour chaque $t \in \mathbb{R}_+$, définissons une mesure Q_t sur $(\Omega, \mathscr{F})$ de la manière suivante: pour tout $H \in \mathscr{F}$,

$$Q_t(H) = \mu([0, t] \times H).$$

D'après a), la mesure Q_0 est nulle et la mesure Q_t bornée pour chaque t. Il résulte d'autre part de b) que Q_t est absolûment continue par rapport à P: nous désignerons par A_t' une version positive de la densité de Q_t par rapport à P. Les v.a. A_t' sont intégrables et on a

$A_0' = 0$ p.s.,

$A_s' \leq A_t'$ p.s. si $s \leq t$,

$A_t' = \lim A_{t_n}'$ dans $L^1(P)$ pour toute suite décroissante (t_n) tendant vers t,

d'après le théorème de Lebesgue, et donc $A_t' = \lim A_{t_n}'$ p.s.

Posons alors pour tout $t \in \mathbb{R}_+$

$$A_t = \inf_r A_r', \text{ où } r \text{ parcourt les rationnels} > t.$$

Il est clair que le processus $A = (A_t)$ ainsi défini est un processus croissant. D'autre part, les ensembles de la forme $[0, t] \times H$ constituent une famille stable pour $(\cap f)$ qui engendre la tribu $\mathscr{B}(\mathbb{R}_+) \overset{\wedge}{\otimes} \mathscr{F}$: il est clair que la mesure μ est bien déterminée par les valeurs qu'elle prend sur ces ensembles. Par conséquent, μ est la mesure engendrée par le processus croissant A. Enfin, si B est un autre processus croissant qui engendre μ, il est clair que B_t est égal p.s. à A_t pour chaque t: B est donc une modification de A. Mais comme A et B sont continus à droite, B est indistinguable de A. ❏

Nous verrons au paragraphe 3 du chapitre suivant qu'une mesure engendrée par un processus croissant $\mathscr{T}_i$-mesurable (ou, plus brièvement, une mesure $\mathscr{T}_i$-mesurable) est bien déterminée par sa restriction à la tribu $\mathscr{T}_i$. Pour le moment, nous nous bornerons à caractériser les mesures engendrées par un processus croissant adapté (et donc bienmesurable).

T42 *Théorème.— Soit μ une mesure engendrée par un processus croissant $A = (A_t)$. Le processus croissant A est adapté si et seulement si on a*

$$\mu([0, t] \times H) = \mu(E[I_H \mid \mathscr{F}_t] \cdot I_{[\![0,t]\!]})$$

pour tout $t \in \mathbb{R}_+$ et tout $H \in \mathscr{F}$.

Démonstration.— La condition de l'énoncé s'écrit encore

$$E[I_H \cdot A_t] = E[E[I_H \mid \mathscr{F}_t] \cdot A_t].$$

Le théorème résulte alors du fait que A_t est $\mathscr{F}_t$-mesurable si et seulement si A_t est orthogonale aux v.a. de la forme $I_H - E\{I_H \mid \mathscr{F}_t\}$ lorsque H parcourt $\mathscr{F}$. ❏

Changement de temps

Le théorème suivant, dû à Lebesgue, permet de ramener toute intégrale de Stieltjes à une intégrale par rapport à la mesure de Lebesgue.

T43 *Théorème.— Soit $a: t \to a(t)$ une fonction positive, croissante, définie sur $\mathbb{R}_+$ (à valeurs finies ou non) et continue à droite. Pour tout $t \in \mathbb{R}_+$, soit*

$$c(t) = \inf \{s: a(s) > t\}.$$

La fonction $c: t \to c(t)$ est positive, croissante, continue à droite et l'on a $c(t) < +\infty$ si et seulement si $a(\infty) > t$. D'autre part, pour tout $s \in \mathbb{R}_+$, on a

$$a(s) = \inf \{t: c(t) > s\}.$$

Supposons de plus que a soit finie et que $a(0) = 0$. On a alors, pour toute fonction borélienne positive f définie sur $\mathbb{R}_+$,

$$\int_0^\infty f(t) \, da(t) = \int_0^{a(\infty)} f(c(t)) \, dt = \int_0^\infty I_{\{c < \infty\}}(t) \, f(c(t)) \, dt.$$

Démonstration.— Le graphe de c s'obtient à partir du graphe de a de la manière suivante : on prend le symétrique du graphe de a par rapport à la diagonale et on transforme les paliers de a en sauts de c (en préservant la continuité à droite de c), les sauts de a en des paliers de c. Il est clair qu'en procédant de la même manière sur le graphe de c, on retrouve le graphe de a. Nous laissons au lecteur le soin de vérifier les détails, et nous passons à la démonstration de la dernière égalité, qui est une forme du théorème de changement de variable. Les deux membres définissent des intégrales qui n'ont pas de masse en 0 : il suffit donc de vérifier l'égalité lorsque f est l'indicatrice d'un intervalle de la forme $]0, s]$. Or $\int_0^\infty I_{]0,s]}(t)\, \mathrm{d}a(t)$ est égal à $a(s)$, tandis que $\int_0^{a(\infty)} I_{]0,s]}(c(t))\, \mathrm{d}t$ est égal à la longueur de l'intervalle $\{t \colon c(t) \le s\}$ et donc à $\inf\{t \colon c(t) > s\}$. L'égalité des intégrales résulte alors de l'égalité $a(s) = \inf\{t \colon c(t) > s\}$. ☐

Notons que l'on a $a(c(t)) = t$ si et seulement si t est un point de croissance stricte de a, tandis, que l'on a $a(c(t)) = t$ si et seulement si t est un point de croissance stricte de c. En particulier $a(c(t))$ est égal à t lorsque a est continue et t appartient à $[0, a(\infty)[$. En appliquant la dernière égalité du théorème au cas où f est de la forme $g \circ a$, on obtient le théorème de changement de variable suivant

T44   *Théorème.*— *Soit $a \colon t \to a(t)$ une fonction croissante définie sur $\mathbb{R}_+$, à valeurs finies, continue et telle que $a(0) = 0$. Pour toute fonction borélienne positive g définie sur $\mathbb{R}_+$, on a*

$$\int_0^\infty g(a(t))\, \mathrm{d}a(t) = \int_0^{a(\infty)} g(t)\, \mathrm{d}t.$$

45   Soit maintenant $A = (A_t)$ un processus croissant. On définit un processus $C = (C_t)$ en posant pour chaque t et chaque ω

$$C_t(\omega) = \inf\{s \colon A_s(\omega) > t\}.$$

Ce processus est appelé le *changement de temps associé à A*. Lorsque A est un processus adapté, les v.a. aléatoires C_t sont des temps d'arrêt : en effet, pour tout $s > 0$, on a

$$\{C_t < s\} = \bigcup_n \{A_{s-(1/n)} > t\}.$$

Le théorème suivant est très important. Sa signification sera éclairée par les développements du paragraphe 3 du chapitre V.

T46   *Théorème.*— *Soient $X = (X_t)$ et $Y = (Y_t)$ deux processus mesurables positifs tels·que l'on ait, pour tout temps d'arrêt S,*

$$E[X_S \cdot I_{\{S<+\infty\}}] = E[Y_S \cdot I_{\{S<+\infty\}}].$$

On a alors, pour tout processus croissant adapté $A = (A_t)$ *et tout temps d'arrêt* T

$$E\left[\int\limits_0^T X_s \, \mathrm{d}A_s\right] = E\left[\int\limits_0^T Y_s \, \mathrm{d}A_s\right].$$

Démonstration.— Démontrons d'abord l'égalité lorsque $T = +\infty$, et désignons par (C_t) le changement de temps associé au processus croissant (A_t). D'après le théorème T43 et le théorème de Fubini, on a

$$E\left[\int\limits_0^\infty X_s \, \mathrm{d}A_s\right] = E\left[\int\limits_0^\infty X_{C_s} \cdot I_{\{C_s < +\infty\}} \, \mathrm{d}s\right] = \int\limits_0^\infty E\left[X_{C_s} \cdot I_{\{C_s < +\infty\}}\right] \mathrm{d}s.$$

Le processus Y vérifiant une égalité analogue, il est clair que l'on a

$$E\left[\int\limits_0^\infty X_s \, \mathrm{d}A_s\right] = E\left[\int\limits_0^\infty Y_s \, \mathrm{d}A_s\right]$$

puisque C_s est un temps d'arrêt pour chaque s. Enfin, le cas où T est un t.d'a. quelconque se traite en appliquant le résultat précédent au processus croissant

$$B = A \cdot I_{\llbracket 0, T \llbracket} + A_T \cdot I_{\llbracket T, +\infty \llbracket}. \quad \square$$

Voici une application intéressante de ce théorème à la théorie des martingales (on trouvera un sommaire de cette théorie au début du chapitre suivant): on obtient un procédé simple pour intégrer une martingale par rapport à un processus croissant.

T47 *Théorème.— Soit* $A = (A_t)$ *un processus croissant adapté, et soit* $M = (M_t)$ *une martingale positive, continue à droite et uniformément intégrable. On a, pour tout temps d'arrêt* T,

$$E\left[\int\limits_0^T M_t \, \mathrm{d}A_t\right] = E[M_T \cdot A_T].$$

Démonstration.— Soit $X = M \cdot I_{\llbracket 0, T \rrbracket}$ et soit $Y = M_T \cdot I_{\llbracket 0, T \rrbracket}$. Il résulte du théorème d'arrêt de Doob (cf IV-T7) que l'on a

$$E[X_S \cdot I_{\{S < +\infty\}}] = E[Y_S \cdot I_{\{S < +\infty\}}]$$

pour tout t.d'a. S. Il ne reste plus qu'à appliquer le théorème précédent pour obtenir l'égalité de l'énoncé. $\quad \square$

Chapitre V

Les théorèmes de projection

Nous travaillons toujours sur un espace probabilisé complet $(\Omega, \mathscr{F}, P)$ muni d'une famille croissante de sous-tribus $(\mathscr{F}_t)$ vérifiant les conditions habituelles. Sauf mention du contraire, les processus envisagés sont réels et nous faisons l'abus de langage qui consiste à confondre les classes d'équivalence de processus indistinguables avec un de leurs représentants: en particulier, les théorèmes d'unicité que nous énoncerons seront entendus à l'indistinguabilité près.

Rappelons que nous désignons par $\mathscr{T}_i$ $(i = 1, 2, 3)$ la tribu sur $\mathbb{R}_+ \times \Omega$ constituée par les ensembles bien-mesurables pour $i = 1$, les ensembles accessibles pour $i = 2$ et les ensembles prévisibles pour $i = 3$. Comme pour le chapitre précédent, les parties les plus importantes des théorèmes concernent les tribus $\mathscr{T}_1$ et $\mathscr{T}_2$, les résultats concernant la tribu $\mathscr{T}_2$ étant surtout intéressants lorsque la famille $(\mathscr{F}_t)$ est quasi-continue à gauche.

Dans le paragraphe 2, nous établissons les théorèmes de projection des processus: à chaque processus mesurable et borné X est associé un processus $\mathscr{T}_i$-mesurable unique ${}^iX$ $(i = 1, 2, 3)$ tel que l'on ait

$$E[X_T \cdot Y_T \cdot I_{\{T < +\infty\}}] = E[{}^iX_T \cdot Y_T \cdot I_{\{T < +\infty\}}]$$

pour tout processus $\mathscr{T}_i$-mesurable borné Y et tout temps d'arrêt T si $i = 1$, tout temps d'arrêt accessible (resp prévisible) si $i = 2$ (resp $i = 3$). La projection ${}^iX$ du processus X est en un certain sens une espérance conditionnelle de X par rapport à la tribu $\mathscr{T}_i$. Cette idée est précisée au paragraphe 3 où l'on étudie les projections duales des processus croissants: à chaque processus croissant A, on associe un processus croissant $\mathscr{T}_i$-mesurable unique A^i tel que l'on ait $E[({}^iX * A)_\infty] = E[(X * A^i)_\infty]$ pour tout processus mesurable positif X. Le paragraphe 4 est essentiellement consacré à l'étude des processus croissants prévisibles et aux liens qui les rattachent à la théorie des martingales: si A est un processus croissant adapté, la projection duale A^3 de A est caractérisée par le fait qu'elle est prévisible et que le processus $A - A^3$ est une martingale. Cette étude trouve son prolongement naturel au paragraphe 5 où l'on établit le théorème de décomposition des surmartingales de la classe (D): une surmartingale X de la classe (D) est caractérisée par le fait qu'il existe un processus croissant prévisible unique A tel que le processus $X + A$ soit une martingale.

Tout ce chapitre repose d'une manière essentielle sur la théorie des martingales. Aussi avons nous rappelé au paragraphe 1 les résultats de cette théorie que nous utiliserons: on pourra s'y reporter au fur et à mesure des besoins. Nous renvoyons le lecteur aux traités classiques pour les démonstrations. Cependant, afin de faciliter une recherche bibliographique éventuelle, nous avons indiqué les références des théorèmes dans le livre [31] de Meyer.

1. Rappel de la théorie des martingales

D1 *Définition.*— *Soit $X = (X_t)$ un processus adapté. On dit que X est une* surmartingale *(resp martingale) si, pour chaque t, X_t est une variable aléatoire intégrable, et si, pour tout couple (s, t) tel que $s \leqq t$, on a*

$$X_s \geqq E[X_t | \mathscr{F}_s] \ p.s. \ (resp \ X_s = E\{X_t | \mathscr{F}_s\} \ p.s.).$$

2 Rappelons qu'une famille (Z_i) de variables aléatoires est dite *uniformément intégrable* si les deux conditions suivantes sont satisfaites:

a) $\sup_i E[|Z_i|] < +\infty,$

b) pour tout $\varepsilon > 0$ il existe $\delta > 0$ tel que l'on ait

$$A \in \mathscr{F} \text{ et } P(A) < \delta \Rightarrow \sup_i E[I_A \cdot |Z_i|] < \varepsilon.$$

Une surmartingale $X = (X_t)$ sera alors dite uniformément intégrable si la famille (X_t) est uniformément intégrable.

Régularité des trajectoires

T3 *Théorème.*— ([31]-VI-T4). *Une surmartingale $X = (X_t)$ admet une modification*[1] *continue à droite si et seulement si la fonction $t \to E[X_t]$ est continue à droite. En particulier, toute martingale admet une modification continue à droite.*

T4 *Théorème* ([31]-VI-T3).— *Une surmartingale continue à droite admet p.s. des limites à gauche finies.*

Comme nous ne distinguons pas les processus indistinguables, il sera sous-entendu que les surmartingales continues à droite admettent des limites à gauche.

---

[1] Cet énoncé est faux si la famille de tribus n'est pas continue à droite.

5 Soit Z une v.a. intégrable. Il existe d'après T3 une martingale continue à droite (X_t) telle que $X_t = E[Z \,|\, \mathscr{F}_t]$ p.s. pour chaque t: pour abréger le langage, nous dirons que (X_t) est *la martingale continue à droite* $(E[Z \,|\, \mathscr{F}_t])$. D'autre part, il résulte de T4 que la martingale continue à droite (X_t) admet des limites à gauche: le processus $(Y_t) = (X_{t-})$ sera appelé la *version continue à gauche* de la martingale $(E[Z \,|\, \mathscr{F}_t])$. On a alors $Y_t = X_{t-} = E[Z \,|\, \mathscr{F}_{t-}]$ p.s. pour tout t (cf T10): (Y_t) est une martingale pour la famille $(\mathscr{F}_{t-})$, et c'est une modification de (X_t) dès que $(\mathscr{F}_t)$ est quasi-continue à gauche.

Théorèmes de convergence et d'arrêt

T6 *Théorème* ([31]-VI-T6).— *Soit* $X = (X_t)$ *une surmartingale continue à droite et uniformément intégrable. Il existe une variable aléatoire* X_∞, $\mathscr{F}_\infty$-*mesurable, intégrable (essentiellement unique), telle que l'on ait*

$$\lim_{t \to \infty} X_t = X_\infty \ \text{p.s. et dans } L^1(P).$$

Par la suite, nous ne considérerons que des surmartingales continues à droite et uniformément intégrables: nous ferons toujours la convention d'adjoindre à la surmartingale (X_t) la v.a. terminale X_∞. Ainsi, la v.a. X_T est définie pour tout t.d'a. T, fini ou non.

Le théorème d'arrêt de Doob permet de remplacer les temps constants par des temps d'arrêt dans les inégalités de définition:

T7 *Théorème* ([31]-VI-T13).— *Soit* $X = (X_t)$ *une surmartingale (resp martingale) continue à droite et uniformément intégrable. Si S et T sont deux temps d'arrêt tels que $S \leq T$, on a*

$$X_S \geq E[X_T \,|\, \mathscr{F}_S] \ \text{p.s.} \quad (\text{resp } X_S = E[X_T \,|\, \mathscr{F}_S] \ \text{p.s.}).$$

Les théorèmes de convergence et d'arrêt prennent une forme plus précise dans le cas des martingales: ces théorèmes sont à la base de tout ce chapitre.

T8 *Théorème* ([31]-VI-T6 et T13).— *Soit* $X = (X_t)$ *une martingale continue à droite et uniformément intégrable. Il existe une variable aléatoire* $\mathscr{F}_\infty$-*mesurable* X_∞, *intégrable (essentiellement unique), telle que l'on ait, pour tout temps d'arrêt T,*

$$X_T = E[X_\infty \,|\, \mathscr{F}_T] \ \text{p.s.}$$

De plus, si (T_n) est une suite croissante de temps d'arrêt, on a

$$\lim_n X_{T_n} = E\left[X_{\lim_n T_n} \,\Big|\, \bigvee_n \mathscr{F}_{T_n}\right] \ \text{p.s. et dans } L^1(P)$$

En particulier, on a $\lim_{t \to \infty} X_t = X_\infty$ *p.s. et dans* $L^1(P)$.

Réciproquement, on a

T9 *Théorème ([31]-V-T19).— Soit Z une variable aléatoire intégrable. Alors la famille des variables aléatoires de la forme $E[Z \mid \mathscr{G}]$ est une famille uniformément intégrable lorsque $\mathscr{G}$ parcourt l'ensemble des sous-tribus de $\mathscr{F}$. En particulier, la martingale continue à droite $(X_t) = (E[Z \mid \mathscr{F}_t])$ est uniformément intégrable et l'on a $X_\infty = E[Z \mid \mathscr{F}_\infty]$ p.s. Pour tout temps d'arrêt T, on a alors*

$$X_T = E[Z \mid \mathscr{F}_T] \ p.s.$$

Le théorème suivant est un théorème d'arrêt pour les versions continues à gauche des martingales. Ce théorème n'étant pas classique, nous en donnons la démonstration.

T10 *Théorème.— Soit $X = (X_t)$ une martingale continue à droite et uniformément intégrable. Pour tout temps d'arrêt prévisible T, on a*

$$X_{T-} = E[X_T \mid \mathscr{F}_{T-}] = E[X_\infty \mid \mathscr{F}_{T-}] \ p.s.$$

Démonstration.— Soit (T_n) une suite de t.d'a. qui annonce T. D'après T8, on a

$$X_{T-} = \lim_n X_{T_n} = E\left[X_T \mid \bigvee_n \mathscr{F}_{T_n}\right] = E\left[X_\infty \mid \bigvee_n \mathscr{F}_{T_n}\right].$$

L'égalité de l'énoncé résulte alors de l'égalité $\mathscr{F}_{T-} = \bigvee_n \mathscr{F}_{T_n}$ (cf III-T35-b)). □

Nous montrerons au paragraphe 4 que cette propriété *caractérise* les t.d'a. prévisibles. Lorsque le t.d'a. T n'est pas prévisible, on ne connait pas de formule reliant X_{T-} à X_T par une espérance conditionnelle. Il se peut d'ailleurs que X_{T-} ne soit pas intégrable: nous en donnerons un exemple à la fin du paragraphe 4.

Décomposition de Riesz. Surmartingales de la classe (D)

D11 *Définition.— On dit qu'une surmartingale continue à droite et uniformément intégrable est un potentiel si elle est positive et si sa variable aléatoire terminale est p.s. nulle.*

On a alors un théorème de décomposition des surmartingales, analogue au théorème de décomposition de Riesz en théorie du potentiel classique.

T12 *Théorème ([31]-VI-11).— Soit $X = (X_t)$ une surmartingale continue à droite et uniformément intégrable. Il existe une martingale continue à droite et uniformément intégrable $Y = (Y_t)$, et un potentiel $Z = (Z_t)$ tels que l'on ait*

$$X = Y + Z$$

les processus Y et Z étant uniques à l'indistinguabilité près.

Lorsque X est une martingale uniformément intégrable, la famille des v.a. de la forme X_T, où T parcourt l'ensemble des t.d'a., est uniformément intégrable (cf T9). Il n'en est pas toujours ainsi lorsque X est une surmartingale : il est alors nécessaire d'introduire une classe plus restreinte de surmartingales.

D13 *Définition.— On dit qu'une surmartingale continue à droite et uniformément intégrable $X = (X_t)$ est de la classe (D) si la famille des variables aléatoires de la forme X_T est uniformément intégrable lorsque T parcourt l'ensemble des temps d'arrêt.*

Comme toute martingale continue à droite et uniformément intégrable est de la classe (D), la surmartingale X est de la classe (D) si et seulement si sa partie «potentiel» définie par la décomposition de Riesz est de la classe (D).

2. Projections des processus

T14 *Théorème.— Soit $X = (X_t)$ un processus mesurable borné. Il existe un processus $\mathscr{T}_i$-mesurable unique ${}^iX = ({}^iX_t)$ $(i = 1, 2, 3)$, borné, tel que l'on ait*

$$E[X_T \cdot I_{\{T < +\infty\}}] = E[{}^iX_T \cdot I_{\{T < +\infty\}}]$$

pour tout temps d'arrêt si $i = 1$, pour tout temps d'arrêt accessible si $i = 2$ et pour tout temps d'arrêt prévisible si $i = 3$. Ce processus ${}^iX$ est appelé la projection du processus X sur la tribu $\mathscr{T}_i$, *ou encore* la projection bienmesurable (accessible, prévisible) de X.

Démonstration.— Remarquons d'abord que si deux processus mesurables bornés X et Y ont des projections ${}^iX$ et ${}^iY$ sur la tribu $\mathscr{T}_i$, alors on a ${}^iX \leqq {}^iY$ si on a $X \leqq Y$. En effet, l'ensemble $\{{}^iX > {}^iY\}$ appartient à $\mathscr{T}_i$ et ne peut contenir de graphe de t.d'a. quelconque (resp accessible, prévisible) si $i = 1$ (resp $i = 2$, $i = 3$) d'après la définition de la projection : il résulte alors du théorème de section (cf IV-T10) que l'ensemble $\{{}^iX > {}^iY\}$ est vide. En particulier, la projection d'un processus, si elle existe, est unique. Désignons par $\mathscr{H}_i$ l'ensemble des processus mesurables bornés qui admettent une projection sur $\mathscr{T}_i$. Il est clair que $\mathscr{H}_i$ est un espace vectoriel qui contient les constantes, et il est facile de voir, d'après ce qui précède, que $\mathscr{H}_i$ est fermé pour la convergence uniforme et les limites de suites croissantes. D'après le théorème des classes monotones (cf IV-T18), il suffit donc de montrer l'existence de la projection pour les éléments d'une famille uniformément bornée de processus mesurables stable pour la multiplication et engendrant la tribu des ensembles mesurables de $\mathbb{R}_+ \times \Omega$. Nous distinguerons les trois cas.

a) $i = 1$: Il suffit de considérer le cas où X est de la forme

$$X = Z \cdot I_{[\![r,s]\!]},$$

où Z est une v.a. bornée et r et s deux réels positifs tels que $r \leqq s$. Désignons par Y la martingale continue à droite $(E[Z \,|\, \mathscr{F}_t])$ et soit

$$^1X = Y \cdot I_{[\![r,s]\!]}.$$

Le processus ^1X est alors égal à la projection bien-mesurable de X d'après T8.

b) $i = 3$: Considérons encore le cas où X est de la forme

$$X = Z \cdot I_{[\![r,s]\!]}$$

et désignons maintenant par Y la version continue à gauche de la martingale $(E[Z \,|\, \mathscr{F}_t])$. Alors, d'après T10, le processus

$$^3X = Y \cdot I_{[\![r,s]\!]}$$

est égal à la projection prévisible de X.

c) $i = 2$: La projection accessible d'un processus, si elle existe, est évidemment égale à la projection accessible de la projection bien-mesurable de ce processus. Par conséquent, il suffit de montrer que tout processus bien-mesurable admet une projection accessible, et, d'après le théorème des classes monotones, il suffit de considérer le cas où X est l'indicatrice d'un intervalle stochastique de la forme $[\![S, +\infty[\![$. Désignons par S_A (resp S_I) la partie accessible (resp totalement inaccessible) du t.d'a. S et soit

$$H = [\![S_A, +\infty[\![\,\cup\,]\!]S_I, +\infty[\![.$$

Comme on a $[\![T]\!] \cap [\![S, +\infty[\![= [\![T]\!] \cap H$ pour tout t.d'a. accessible T, l'indicatrice de H est égale à la projection accessible de X. $\quad\square$

Il est clair que les projections $p_i: X \to {}^iX$ sont des applications linéaires, positives (cf le début de la démonstration), que l'on a la loi de composition $p_i \circ p_j = p_{i\vee j}$ et que l'on a $p_i(X) = X$ quand X est $\mathscr{T}_i$-mesurable. D'autre part, si (X_n) est une suite croissante, la suite $({}^iX_n)$ est aussi croissante. Il est facile de voir que cela permet de définir la projection ^iX d'un processus mesurable positif X comme limite des processus $^i(X \wedge n)$, n entier: la projection ^iX vérifie alors les égalités de l'énoncé de T14, dans lesquelles les espérances peuvent être égales à $+\infty$. D'une manière générale, les projections ont des propriétés algébriques et de continuité analogues à celles des espérances conditionnelles (on peut montrer, par exemple, que si (X_n) est une suite uniformément bornée convergeant vers un processus X, alors la suite $({}^iX_n)$ converge vers ^iX). Le théorème suivant établit un lien important entre projections et espérances conditionnelles:

T15 *Théorème.— Soit X un processus mesurable borné ou positif. On a*

$${}^1X_T I_{\{T<+\infty\}} = E[X_T I_{\{T<+\infty\}} \,|\, \mathscr{F}_T] \text{ si } T \text{ est un temps d'arrêt quelconque,}$$

$${}^2X_T I_{\{T<+\infty\}} = E[X_T I_{\{T<+\infty\}} \,|\, \mathscr{F}_T] \text{ si } T \text{ est un temps d'arrêt accessible,}$$

$${}^3X_T I_{\{T<+\infty\}} = E[X_T I_{\{T<+\infty\}} \,|\, \mathscr{F}_{T-}] \text{ si } T \text{ est un temps d'arrêt prévisible}$$

(on notera la présence de la tribu $\mathscr{F}_{T-}$ dans le dernier conditionnement).

Démonstration.— Soit H un élément de $\mathscr{F}_T$ pour $i = 1, 2$ et de $\mathscr{F}_{T-}$ pour $i = 3$. Si T est un t.d'a. quelconque (resp. accessible, prévisible), la restriction T_H est un t.d'a. quelconque (resp. accessible, prévisible si $H \in \mathscr{F}_{T-}$). On a donc d'après T14

$$E[X_{T_H} I_{\{T_H<+\infty\}}] = E[{}^i X_{T_H} I_{\{T_H<+\infty\}}]$$

ce qui s'écrit encore

$$E[X_T I_{\{T<+\infty\}} I_H] = E[{}^i X_T I_{\{T<+\infty\}} I_H].$$

Comme la v.a. ${}^i X_T \cdot I_{\{T<+\infty\}}$ est $\mathscr{F}_T$-mesurable pour $i = 1, 2$ et $\mathscr{F}_{T-}$-mesurable pour $i = 3$, cela entraîne les égalités de l'énoncé. ∎

16 Les égalités de l'énoncé de T15 caractérisent évidemment la projection ${}^i X$ du processus X parmi les processus $\mathscr{T}_i$-mesurables. En fait, il suffit même de vérifier ces égalités pour des t.d'a. bornés d'après IV-T13. Par contre, les égalités de l'énoncé de T14 doivent être vérifiées pour les t.d'a. *finis ou non* : si Z est une v.a. bornée d'espérance nulle, mais non p.s. nulle, le processus $X = (X_t)$ tel que $X_t = Z$ pour tout t a pour projection bien-mesurable la martingale continue à droite $(E[Z \,|\, \mathscr{F}_t])$ et donc $E[{}^1X_T] = 0$ pour tout t.d'a. borné T sans que ${}^1X$ soit évanescent.

De la caractérisation des projections par T15, on déduit le corollaire

T17 *Théorème.— Soient X et Y deux processus mesurables bornés. Si Y est $\mathscr{T}_i$-mesurable la projection sur $\mathscr{T}_i$ du processus $X \cdot Y$ est égale à ${}^iX \cdot Y$.*

Voici quelques exemples de projections fournis par la théorie des martingales. Les vérifications sont laissées au lecteur.

18 *Exemples.—* Considérons un processus X de la forme $X = Z \cdot I_{]\!]S,T]\!]}$, où Z est une v.a. bornée et où S et T sont deux t.d'a. tels que $S \leqq T$. On a alors

$${}^1X = U \cdot I_{]\!]S,T]\!]}, \quad {}^3X = V \cdot I_{]\!]S,T]\!]},$$

où $U = (U_t)$ (resp $V = (V_t)$) est la version continue à droite (resp à gauche) de la martingale $(E[Z \,|\, \mathscr{F}_t])$. La projection ${}^2X$ est un peu plus difficile à expliciter : ${}^2X = W \cdot I_{]\!]S,T]\!]}$ où $W = (W_t)$ est le processus obtenu à partir de U en remplaçant $U_t(\omega)$ par $V_t(\omega) = U_{t-}(\omega)$ chaque fois que (t, ω) appartient au graphe de la partie totalement inaccessible d'un temps de saut de la martingale U.

Le théorème suivant montre que les diverses projections ne différent que sur des ensembles «exceptionnels».

T19 *Théorème.— Soit X un processus mesurable borné. L'ensemble $\{{}^iX \neq {}^jX\}$, $i < j$, est une réunion dénombrable de graphes de temps d'arrêt. De plus, ces temps d'arrêt sont totalement inaccessibles si $i = 1$ et $j = 2$.*

Démonstration.— D'après IV-T17, il suffit d'établir que l'ensemble $\{{}^iX \neq {}^jX\}$ est contenu dans une réunion dénombrable de graphes de t.d'a. (totalement inaccessibles si $i = 1$ et $j = 2$), et il est clair que l'ensemble des processus mesurables bornés vérifiant cette propriété satisfait aux conditions d'application du théorème des classes monotones (cf IV-T18). Il suffit donc de considérer les processus introduits aux étapes a), b) et c) de la démonstration de T15. Si on a $X = Z \cdot I_{\llbracket r,s \rrbracket}$, où Z est une v.a. bornée, l'ensemble $\{{}^1X \neq {}^3X\}$ est contenu dans la réunion des graphes d'une suite de t.d'a. épuisant les sauts de la martingale continue à droite $(E[Z \mid \mathscr{F}_t])$; si on a $X = I_{\llbracket S, +\infty \llbracket}$, où S est un t.d'a., l'ensemble $\{{}^1X \neq {}^2X\}$ est contenu dans le graphe de la partie totalement inaccessible de S. Pour achever la démonstration, il ne reste plus qu'à remarquer que $\{{}^2X \neq {}^3X\}$ est contenu dans $\{{}^1X \neq {}^2X\} \cup \{{}^1X \neq {}^3X\}$ pour tout processus mesurable borné X. ☐

Le théorème suivant montre que les projections bien-mesurables et prévisibles conservent certaines propriétés de régularité des trajectoires. Ce théorème ne sera pas utilisé par la suite.

T20 *Théorème.— Soit X un processus mesurable borné.*

a) *Si X est continu à gauche, sa projection prévisible est continue à gauche.*

b) *Si X est continu à droite, sa projection bien-mesurable est continue à droite, et admet de plus des limites à gauche si X admet des limites à gauche.*

Démonstration.— Démontrons a). Si X est continu à gauche, on a évidemment $\lim_{n} E[X_{S_n}] = E\{X_{\lim S_n}\}$ pour toute suite croissante (S_n) de t.d'a. prévisibles uniformément bornée. Par conséquent, on a aussi $\lim_{n} E[{}^3X_{S_n}] = \lim_{n} E[{}^3X_{\lim S_n}]$ et donc ${}^3X$ est continu à gauche d'après IV-T24. On démontrerait de même b) en utilisant IV-T28. ☐

Par contre, la continuité n'est pas conservée en général: si Z est une v.a. bornée et si $X_t = Z$ pour tout t, ${}^1X$ (resp ${}^3X$) est égal à la version continue à droite (resp à gauche) de la martingale $(E[Z \mid \mathscr{F}_t])$, qui n'est pas continue en général.

Remarque.— Soit $X = (X_t)$ un processus mesurable borné tel que $X_\infty = \lim_{t \to +\infty} X_t$ existe et soit $\mathscr{F}_\infty$-mesurable. On peut montrer que l'on a alors $X_\infty = \lim_{t \to +\infty} {}^i X_t$ pour $i = 1, 2, 3$. Cela résulte de T15 et du lemme suivant de la théorie des martingales: soit (Z_n) une suite de v.a. majorée en module par une v.a. intégrable, et soit $(\mathscr{G}_n)$ une suite croissante de sous-tribus de $\mathscr{F}$; si $Z_\infty = \lim_n Z_n$ existe, alors $E[Z_n \,|\, \mathscr{G}_n]$ converge p.s. vers $E\left[Z_\infty \,\Big|\, \bigvee_n G_n\right]$. Ce lemme est une conséquence du théorème de convergence des martingales (cf Meyer [33]).

Théorèmes de modification

Le théorème suivant permet souvent de se borner à considérer les processus bien-mesurables parmi les processus progressifs.

T21 *Théorème.— Soit $X = (X_t)$ un processus progressif. Il existe un processus bien-mesurable unique $Y = (Y_t)$ tel que l'on ait*

$$X_T = Y_T \ p.s.$$

pour tout temps d'arrêt fini T. Si X est une indicatrice d'ensemble, Y est une indicatrice d'ensemble.

Démonstration.— Quitte à considérer le processus $X/(1 + |X|)$, on peut supposer X borné. Alors la projection bien-mesurable de X vérifie la condition de l'énoncé d'après T15. L'unicité de Y résulte du théorème de section (cf IV-T13). Si X est une indicatrice, ${}^1 X_T \cdot {}^1 X_T = {}^1 X_T = X_T$ p.s. pour tout t.d.a. fini T, et il résulte aussi de IV-T13 que ${}^1 X \cdot {}^1 X = {}^1 X$: autrement dit, ${}^1 X$ est indistinguable d'une indicatrice. ☐

Le théorème suivant, relatif au cas accessible, se démontre d'une manière analogue (la seconde partie résulte de T19).

T22 *Théorème.— Soit $X = (X_t)$ un processus bien-mesurable. Il existe un processus accessible unique $Y = (Y_t)$ tel que l'on ait*

$$X_T = Y_T \ p.s.$$

pour tout temps d'arrêt accessible et fini T, et Y est une indicatrice d'ensemble si X en est une. De plus, l'ensemble $\{X \neq Y\}$ est une réunion dénombrable de graphes de temps d'arrêt totalement inaccessibles.

Un t.d.a. constant étant accessible, on a obtenu dans ces deux théorèmes des modifications du processus initial. Si la famille $(\mathscr{F}_t)$ n'est pas quasi-continue à gauche, on n'a pas de théorème analogue dans le cas prévisible: cela tient au conditionnement par rapport à la tribu $\mathscr{F}_{T-}$ dans T15.

Dans ce cas, la projection prévisible d'une indicatrice accessible peut ne pas être une indicatrice: le lecteur pourra s'en convaincre en étudiant la projection d'un graphe de t.d'a. accessible non prévisible.

Rappelons cependant le théorème établi au chapitre précédent (cf IV-T19).

T23 *Théorème.— Soit X un processus bien-mesurable. Il existe un processus prévisible (non nécessairement unique) Y tel que l'ensemble $\{X \neq Y\}$ soit une réunion dénombrable de graphes de temps d'arrêt. Si X est une indicatrice, on peut choisir pour Y une indicatrice.*

La dernière assertion résulte du fait que l'on peut remplacer Y par $I_{\{Y=0 \text{ ou } 1\}}$ lorsque X est une indicatrice.

Remarque.— Les théorèmes 21, 22 et 23 s'étendent à des processus à valeurs dans un espace métrisable compact en plongeant celui-ci dans $\mathbb{R}^N$.

3. Projections et processus croissants

T24 *Théorème.— Soit $A = (A_t)$ un processus croissant $\mathcal{T}_i$-mesurable $(i = 1, 2, 3)$. Si $X = (X_t)$ et $Y = (Y_t)$ sont deux processus mesurables positifs qui ont même projection sur la tribu $\mathcal{T}_i$, on a*

$$E[(X * A)_\infty] = E[(Y * A)_\infty].$$

Démonstration.— Traitons d'abord le cas $i = 1$. Les processus X et Y ont même projection bien-mesurable si et seulement si l'on a

$$E[X_T I_{\{T < +\infty\}}] = E[X_T I_{\{T < +\infty\}}]$$

pour tout t.d'a. T. Comme le processus croissant A est adapté, l'égalité de l'énoncé résulte de IV-T46. Passons maintenant au cas où $i = 2$ ou $i = 3$. Quitte à remplacer X par ^1X et Y par ^1Y, on peut supposer que X et Y sont bien-mesurables. Décomposons d'autre part le processus croissant A en un processus continu et une somme de processus élémentaires (cf IV-T37 et IV-T38)

$$A = A^c + \Sigma a_n \cdot I_{[\![T_n, +\infty[\![},$$

où (T_n) est une suite de t.d'a. accessibles si $i = 2$ et prévisibles si $i = 3$. Il suffit alors de vérifier l'égalité de l'énoncé pour chaque composante de A. Pour la partie continue A^c, cela résulte du fait que les ensembles $\{X \neq {}^iX\}$ et $\{Y \neq {}^iY\}$ sont des réunions dénombrables de graphes de t.d'a. (cf T19) et de l'égalité $^iX = {}^iY$. D'autre part, si on pose

$$A^n = I_{[\![T_n, +\infty[\![},$$

on a

$$E[(X * A^n)_\infty] = E[X_{T_n} \cdot I_{\{T_n < +\infty\}}]$$

et une égalité analogue pour Y. L'égalité de l'énoncé résulte alors du fait que l'on a $E[X_T I_{\{T < +\infty\}}] = E[Y_T I_{\{T < +\infty\}}]$ pour tout t.d'a. T accessible si $i = 2$ et pour tout t.d'a. T prévisible si $i = 3$.   ∎

En fait, l'égalité obtenue dans ce théorème se renforce d'elle-même, et on obtient le corollaire:

T25   *Théorème.*— *Soit $A = (A_t)$ un processus croissant $\mathscr{T}_i$-mesurable ($i = 1, 2, 3$). Si $X = (X_t)$ et $Y = (Y_t)$ sont deux processus mesurables positifs qui ont même projection sur la tribu $\mathscr{T}_i$, on a*

$$E\left[\int_S^T X_t \, \mathrm{d}A_t \,\middle|\, \mathscr{F}_S\right] = E\left[\int_S^T Y_t \, \mathrm{d}A_t \,\middle|\, \mathscr{F}_S\right]$$

pour tout couple de temps d'arrêt (S, T) tels que $S \leq T$.

Démonstration.— Nous devons montrer que l'on a, pour tout $H \in \mathscr{F}_S$,

$$E\left[I_H \cdot \int_S^T X_t \, \mathrm{d}A_t\right] = E\left[I_H \cdot \int_S^T Y_t \, \mathrm{d}A_t\right]$$

égalité qui s'écrit encore

$$E[((I_{]\!]S_H, T_H]\!]} \cdot X) * A)_\infty] = E[((I_{]\!]S_H, T_H]\!]} \cdot Y) * A)_\infty].$$

Comme l'intervalle stochastique $]\!]S_H, T_H]\!]$ est prévisible, le processus $I_{]\!]S_H, T_H]\!]} \cdot {}^i X$ est égal à la projection du processus $I_{]\!]S_H, T_H]\!]} \cdot X$ sur $\mathscr{T}_i$ (cf T17) et on a une égalité analogue pour Y. Il ne reste plus qu'à appliquer le théorème précédent pour obtenir l'égalité voulue.   ∎

Il résulte de T24 qu'une mesure engendrée par un processus croissant $\mathscr{T}_i$-mesurable, ou, plus brièvement, une mesure $\mathscr{T}_i$-mesurable sur $\mathbb{R}_+ \times \Omega$ est bien déterminée par sa restriction à la tribu $\mathscr{T}_i$. Désignons par $\mathscr{M}_i$ l'ensemble des mesures de probabilité $\mathscr{T}_i$-mesurables sur $\mathbb{R}_+ \times \Omega$, et, pour tout $\mu \in \mathscr{M}_i$, par E^μ l'espérance associée à μ. D'après T17 et T24, la projection ${}^i X$ d'un processus mesurable positif X sur $\mathscr{T}_i$ est une version de l'espérance conditionnelle $E^\mu[X \mid \mathscr{T}_i]$, pour tout $\mu \in \mathscr{M}_i$, et cette version ne dépend pas de la mesure μ.

Remarque.— Etant donnée qu'on peut interpréter une projection comme étant une version d'espérance conditionnelle, on pourrait espérer avoir un théorème de convergence des projections analogue à celui de la théorie des martingales. Par exemple, supposons que l'on ait une famille $(\mathscr{F}_t^n)$, $t \in \mathbb{R}_+$, $n \in \mathbb{N}$, de sous-tribus, croissante par rapport à chacun des indices, telle que l'on ait $\mathscr{F}_t = \bigvee_n \mathscr{F}_t^n$ pour chaque t. Si, pour tout n, $\mathscr{T}_3^n$ désigne la tribu des ensembles prévisibles relative à la famille $(\mathscr{F}_t^n)$, la famille $(\mathscr{T}_3^n)$ est croissante, et on vérifie facilement que l'on a $\mathscr{T}_3 = \bigvee_n \mathscr{T}_3^n$. Dans ces conditions, si X est un processus mesurable borné, est-ce que la projection de X sur $\mathscr{T}_3^n$ converge vers la projection de X sur $\mathscr{T}_3$ quand n tend vers l'infini? En général, la réponse est négative (cf Dellacherie et Doléans [24]).

Nous allons voir maintenant que la propriété de l'énoncé de T24 caractérise les mesures $\mathscr{T}_i$-mesurables: on a ainsi une caractérisation qui ne fait pas intervenir explicitement les processus croissants qui les engendrent.

T26 *Théorème.—* *Soit μ une mesure engendrée par un processus croissant $A = (A_t)$. Le processus croissant A est $\mathscr{T}_i$-mesurable si et seulement si μ satisfait à la condition suivante: si $X = (X_t)$ et $Y = (Y_t)$, sont deux processus mesurables positifs ayant même projection sur la tribu $\mathscr{T}_i$, on a*
$$\mu(X) = \mu(Y).$$

Démonstration.— Démontrons d'abord que A est adapté. D'après IV-T43, nous devons vérifier que l'on a $E[I_H \cdot A_t] = E[E[I_H \,|\, \mathscr{F}_t] \cdot A_t]$ pour tout $t \in \mathbb{R}_+$ et tout $H \in \mathscr{F}$. Mais cela résulte du fait que les processus $X = I_H \cdot I_{]\!]0,t]\!]}$ et $Y = E[I_H \,|\, \mathscr{F}_t] \cdot I_{]\!]0,t]\!]}$ ont même projection sur la tribu $\mathscr{T}_1$ (et donc sur $\mathscr{T}_i$): cette projection est égale à $M \cdot I_{]\!]0,t]\!]}$, où M est la martingale continue à droite $(E[I_H \,|\, \mathscr{F}_s])_{s \in \mathbb{R}_+}$. La démonstration est terminée pour $i = 1$, un processus croissant adapté étant bienmesurable. Pour $i = 2$, nous devons encore montrer que A ne charge pas les t.d'a. totalement inaccessibles, et cela provient du fait que l'indicatrice du graphe d'un t.d'a. totalement inaccessible a une projection accessible évanescente. Soit enfin $i = 3$. D'après ce qui précède, on sait déjà que A est accessible. Pour montrer qu'il est prévisible, il reste à vérifier que A_T est $\mathscr{F}_{T-}$-mesurable pour tout t.d'a. prévisible T (cf IV-T34), soit encore que l'on a $E[I_H \cdot A_T] = E[E[I_H \,|\, \mathscr{F}_{T-}] \cdot A_T]$ pour tout t.d'a. prévisible T et tout $H \in \mathscr{F}$. Mais cela résulte du fait que les processus $X = I_H \cdot I_{]\!]0,T]\!]}$ et $Y = E[I_H \,|\, \mathscr{F}_{T-}] \cdot I_{]\!]0,T]\!]}$ ont même projection sur $\mathscr{T}_3$: cette projection est égale à $M_- \cdot I_{]\!]0,T]\!]}$, où M_- est la version continue à gauche de la martingale $(E[I_H \,|\, \mathscr{F}_t])$. $\square$

Bien-entendu, pour appliquer ce théorème, il suffit de vérifier l'égalité de l'énoncé lorsque Y est égal à ^iX, et le théorème des classes monotones permet de restreindre l'ensemble des processus X à considérer. Ainsi, on a le théorème suivant (où l'on retrouve que les processus croissants prévisibles sont les processus croissants appelés «naturels» par Meyer [31]).

T27 *Théorème.—* *Soit $A = (A_t)$ un processus croissant adapté. Pour que A soit prévisible, il faut et il suffit que l'on ait, pour tout t,*
$$E\left[\int_0^t M_s \, dA_s\right] = E\left[\int_0^t M_{s-} \, dA_s\right]$$
pour toute martingale positive $M = (M_t)$, bornée et continue à droite.

Démonstration.— Notons d'abord que, pour chaque t, la projection prévisible du processus $M \cdot I_{]0,t]}$ est égale à $M_- \cdot I_{]0,t]}$ (où M_- désigne la version continue à gauche de la martingale M). La condition de l'énoncé est donc nécessaire d'après T24. Démontrons qu'elle est suffisante. D'après T26, il suffit de vérifier que l'on a $E[(X * A_\infty)] = E[(^3X * A)_\infty]$ pour tout processus mesurable et positif X, et on sait déjà que $E[(X * A)_\infty] = E[(^1X * A)_\infty]$ puisque A est bien-mesurable. D'après le théorème des classes monotones (cf IV-T18), il suffit donc de vérifier que l'on a $E[(^1X * A)_\infty] = E[(^3X * A)_\infty]$ lorsque X parcourt une famille multiplicative uniformément bornée de processus appartenant à $L^1(A)$ et engendrant la tribu des ensembles mesurables. Si on prend les processus de la forme $X = Z \cdot I_{[0,t]}$, où Z est une v.a. positive bornée, on trouve la condition de l'énoncé, avec $M_t = E[Z \mid \mathscr{F}_t]$. ▯

Remarque.— Si A est un processus croissant intégrable, il suffit que l'on ait $E[(M * A)_\infty] = E[(M_- * A)_\infty]$ pour toute martingale M positive, bornée et continue à droite. En effet si, pour t fixé et M donnée, on applique cette égalité à la martingale $M \cdot I_{[0,t]} + M_t \cdot I_{]t,+\infty[}$, on obtient l'égalité

$$E\left[\int_0^t M_s \, \mathrm{d}A_s\right] + E[M_t \cdot (A_\infty - A_t)]$$

$$= E\left[\int_0^t M_{s-} \, \mathrm{d}A_s\right] + E[M_t \cdot (A_\infty - A_t)]$$

et il suffit de retrancher aux deux membres la quantité finie $E[M_t \cdot (A_\infty - A_t)]$ pour retrouver la condition de l'énoncé de T27.

Projections duales d'un processus croissant

Le «produit scalaire» $\langle X \mid A \rangle = E[(X * A)_\infty]$ met en dualité les processus et les processus croissants. Cela va nous permettre de définir la projection duale d'un processus croissant A sur la tribu $\mathscr{T}_i$: ce sera l'unique processus croissant $\mathscr{T}_i$-mesurable A_i tel que l'on ait

$$\langle {}^iX \mid A \rangle = \langle X \mid A^i \rangle$$

pour tout processus mesurable positif X. On notera que l'égalité $A = A^i$ lorsque A est $\mathscr{T}_i$-mesurable ne résulte pas immédiatement de la définition; elle est cependant assurée par le théorème T24. On se gardera d'autre part de confondre la projection duale d'un processus croissant avec sa projection: en général, la projection (au sens du paragraphe 2) d'un processus croissant n'est pas un processus croissant. On pourrait éviter cette confusion en parlant de projection de mesure du lieu de projection duale d'un processus croissant

T28 *Théorème.— Soit* $A = (A_t)$ *un processus croissant. Pour* $i = 1, 2, 3,$ *il existe un processus croissant unique* $A^i = (A_t^i)$ *tel que l'on ait*

$$E[({}^iX * A)_\infty] = E[(X * A^i)_\infty] = E[({}^iX * A^i)_\infty]$$

pour tout processus mesurable positif X, *et ce processus* A^i *est* $\mathscr{T}_i$-*mesurable. Il est appelé* la projection duale du processus croissant A sur la tribu $\mathscr{T}_i$, *ou encore* la projection duale bien-mesurable (accessible, prévisible) de A.

Démonstration.— Pour tout processus mesurable positif X, posons

$$\mu_i(X) = E[({}^iX * A)_\infty].$$

Etant données les propriétés de linéarité, monotonie et continuité des projections il est clair que l'on définit ainsi une mesure σ-finie μ_i sur $\mathscr{B}(\mathbb{R}_+) \overset{\wedge}{\otimes} \mathscr{F}$, et cette mesure est engendrée par un unique processus croissant A^i d'après IV-T41. Par conséquent, A^i est le seul processus croissant tel que l'on ait

$$E[(X * A^i)_\infty] = E[({}^iX * A)_\infty]$$

pour tout processus mesurable positif X, et A^i est $\mathscr{T}_i$-mesurable d'après T26. ☐

29 *Remarque.—* Nous avons démontré en fait un résultat un peu meilleur: si μ est une mesure σ-finie sur la tribu $\mathscr{T}_i$ telle que

a) $\mu([\![0]\!]) = 0$ et $\mu([\![0, t]\!]) < +\infty$ pour tout $t \in \mathbb{R}_+$,

b) $\mu(X) = 0$ pour tout processus $\mathscr{T}_i$-mesurable et évanescent X,

alors il existe un prolongement μ_i unique de μ à la tribu $\mathscr{B}(\mathbb{R}_+) \overset{\wedge}{\otimes} \mathscr{F}$ tel que μ_i soit une mesure $\mathscr{T}_i$-mesurable. En effet, pour définir μ_i, il suffit de poser $\mu_i(X) = \mu({}^iX)$ pour tout processus mesurable positif X et on montre comme ci-dessus que μ_i est engendrée par un processus croissant $\mathscr{T}_i$-mesurable unique.

Il est clair que les projections duales $p^i: A \to A^i$ sont des applications linéaires, que l'on a la loi de composition $p^i \circ p^j = p^{i \vee j}$ et qu'on a $p^i(A) = A$ si A est $\mathscr{T}_i$-mesurable (cf T24). On démontre d'autre part comme en T25 que la relation de définition des A^i se renforce d'elle-même:

T30 *Théorème.— Soit* $A = (A_t)$ *un processus croissant et soit* $A^i = (A_t^i)$ *sa projection duale sur* $\mathscr{T}_i$. *Si* X *est un processus mesurable positif, on a*

$$E\left[\int_S^T {}^iX_t \, \mathrm{d}A_t \,\Big|\, \mathscr{F}_S\right] = E\left[\int_S^T X_t \, \mathrm{d}A_t^i \,\Big|\, \mathscr{F}_S\right] = E\left[\int_S^T {}^iX_t \, \mathrm{d}A_t^i \,\Big|\, \mathscr{F}_S\right]$$

pour tout couple de temps d'arrêt (S, T) *tels que* $S \leqq T$.

En général, il n'y a pas de relations d'inclusion entre $L^1(A)$ et $L^1(A^i)$. Il résulte cependant de T30 que les processus $\mathcal{T}_i$-mesurables appartenant à $L^1(A)$ sont les mêmes que ceux qui appartiennent à $L^1(A^i)$. Il est clair d'autre part que l'on a $E[A_\infty] = E[A^i_\infty]$ (prendre $X = 1$): les projections duales d'un processus croissant intégrables sont intégrables. Par contre, les projections duales d'un processus croissant borné ne sont pas forcément bornées; nous verrons plus loin un exemple de cette situation.

Lorsque X est un processus mesurable positif appartenant à $L^1(A)$, $X * A$ est aussi un processus croissant. Le théorème suivant indique les relations existant entre ^iX, A^i et $(X * A)^i$ lorsque X ou A est $\mathcal{T}_i$-mesurable.

T31 *Théorème.— Soit A un processus croissant et soit X un processus mesurable positif appartenant à $L^1(A)$. Si X est $\mathcal{T}_i$-mesurable, on a*

$$(X * A)^i = X * (A^i).$$

Si A est $\mathcal{T}_i$-mesurable, on a

$$(X * A)^i = (^iX) * A.$$

Démonstration.— Par définition, $(X * A)^i$ est le seul processus croissant tel que l'on ait, pour tout processus mesurable positif Y,

$$E\left[\int_0^\infty Y_t \, d(X * A)^i_t\right] = E\left[\int_0^\infty (^iY_t)\, X_t \, dA_t\right]$$

et, sous les hypothèses faites, on a

$$E\left[\int_0^\infty (^iY_t)\, X_t \, dA_t\right] = E\left[\int_0^\infty {^iY_t}\, {^iX_t} \, dA_t\right].$$

Cette égalité est évidente lorsque X est $\mathcal{T}_i$-mesurable; lorsque A est $\mathcal{T}_i$-mesurable, elle résulte de T17 et T24. On a de même par définition

$$E\left[\int_0^\infty Y_t \, d[X * (A^i)]_t\right] = E\left[\int_0^\infty Y_t X_t \, dA^i_t\right] = E\left[\int_0^\infty {^i(XY)_t} \, dA_t\right]$$

et, si X est $\mathcal{T}_i$-mesurable, on a $^i(XY) = {^iX} \cdot {^iY}$ d'après T17. Par conséquent, on a $(X * A)^i = X * (A^i)$ si X est $\mathcal{T}_i$-mesurable. Enfin, si A est $\mathcal{T}_i$-mesurable, on a encore d'après T17 et T24

$$E\left[\int_0^\infty Y_t \, d[(^iX) * A]_t\right] = E\left[\int_0^\infty Y_t (^iX_t) \, dA_t\right] = E\left[\int_0^\infty {^iY_t}\, {^iX_t} \, dA_t\right]$$

et on a donc $(X * A)^i = (^iX) * A$ lorsque A est $\mathcal{T}_i$-mesurable. ∎

32 Soient A (resp B) un processus croissant et μ_A (resp μ_B) la mesure engendrée par A (resp B). Nous dirons que B est *absolument continu par rapport à A* si l'égalité $Y * A = 0$ entraine l'égalité $Y * B = 0$ pour tout processus mesurable positif Y : cela revient à dire que μ_B est absolument continue par rapport à μ_A. Si B est absolument continu par rapport à A, il existe un processus mesurable positif $X \in L^1(A)$ tel que l'on ait $B = X * A$: le processus X est une densité de μ_B par rapport à μ_A. Lorsque A et B sont $\mathscr{T}_i$-mesurables, on a

$$B = B^i = (X * A)^i = (^iX) * A \,,$$

la dernière égalité résultant du théorème précédent. On a ainsi démontré le théorème suivant.

T33 *Théorème.—* Soit A un processus croissant, et soit B un processus croissant absolument continu par rapport à A. Si A et B sont $\mathscr{T}_i$-mesurables, il existe un processus $\mathscr{T}_i$-mesurable positif $X \in L^1(A)$ tel que l'on ait $B = X * A$.

Notons enfin que la projection duale conserve la continuité des processus croissants :

T34 *Théorème.—* Soit A un processus croissant continu. La projection duale A^i de A sur $\mathscr{T}_i$ est également un processus croissant continu. De plus A^i est prévisible et l'on a $A^1 = A^2 = A^3$.

Démonstration.— Si X est l'indicatrice d'un graphe de t.d'a., on a $E[(X * A)_\infty] = E[(X * A^1)_\infty] = 0$: donc A^1 n'a pas de temps de saut. Le processus A^1 est alors prévisible puisqu'il est adapté et continu ; on a donc $A^1 = A^2 = A^3$. □

4. Applications à la théorie des martingales

Processus croissants associés

D35 *Définition.—* Deux processus croissants sont dits associés *s'ils ont même projection duale prévisible*.

Autrement dit, deux processus croissants sont associés si et seulement si les mesures qu'ils engendrent ont même restriction à la tribu des ensembles prévisibles. La relation ainsi définie est évidemment une relation d'équivalence, et il résulte de T28 que chaque classe d'équivalence contient un et un seul processus croissant prévisible :

T36 *Théorème.—* Tout processus croissant est associé à un et un seul processus croissant prévisible.

Le théorème suivant donne deux critères simples pour que deux processus croissants soient associés, mais c'est surtout son corollaire qui est important.

T37   *Théorème.— Soient $A = (A_t)$ et $B = (B_t)$ deux processus croissants. Les processus A et B sont associés si et seulement s'ils satisfont à l'une des conditions suivantes :*

a) *pour tout couple (s, t) de réels positifs tels que $s \leq t$, on a*

$$E[A_t - B_t \,|\, \mathscr{F}_s] = E[A_s - B_s \,|\, \mathscr{F}_s] \quad p.s.$$

b) *pour tout temps d'arrêt T, on a*

$$E[A_T] = E[B_T].$$

De plus, si A et B sont associés, et si S et T sont deux temps d'arrêt tels que $S \leq T$, on a

$$E\left[\int_S^T \mathrm{d}A_t \,\Big|\, \mathscr{F}_S\right] = E\left[\int_S^T \mathrm{d}B_t \,\Big|\, \mathscr{F}_S\right].$$

En particulier, si S et T sont bornés, ou si A et B sont intégrables, on a

$$E[A_T - B_T \,|\, \mathscr{F}_S] = E[A_S - B_S \,|\, \mathscr{F}_S].$$

Démonstration.— Si A et B sont associés, il résulte de T30 appliqué au processus prévisible $X = 1$ que l'on a

$$E\left[\int_S^T \mathrm{d}A_t \,\Big|\, \mathscr{F}_S\right] = E\left[\int_S^T \mathrm{d}B_t \,\Big|\, \mathscr{F}_S\right]$$

pour tout couple de t.d'a. (S, T) tels que $S \leq T$. Les conditions a) et b) sont donc nécessaires. Pour montrer qu'elles sont suffisantes, il suffit, d'après le théorème des classes monotones (cf IV-T18), de vérifier que l'on a $E[(X * A)_\infty] = E[(X * B)_\infty]$ lorsque X parcourt une famille multiplicative uniformément bornée de processus appartenant à $L^1(A) \cap L^1(B)$ et engendrant la tribu des ensembles prévisibles. Si la condition a) est vérifiée, il suffit de considérer les processus de la forme $X = I_H \cdot I_{\rrbracket s, t \rrbracket}$, $H \in \mathscr{F}_s$, (cf IV-T22) et l'on a alors

$$E[(X * A)_\infty] = E[I_H \cdot (A_t - A_s)] = E[I_H \cdot E[A_t - A_s \,|\, \mathscr{F}_s]]$$

et une égalité analogue pour B : d'où $E[(X * A)_\infty] = E[(X * B)_\infty]$ puisque l'on a $E[A_t - A_s \,|\, \mathscr{F}_s] = E[B_t - B_s \,|\, \mathscr{F}_s]$. Si la condition b) est vérifiée, il suffit de considérer les processus de la forme $X = I_{\llbracket 0_H \rrbracket}$, $H \in \mathscr{F}_0$, et de la forme $X = I_{\rrbracket S, T \rrbracket}$ où S et T sont des t.d'a. bornés (cf IV-T4). Or on a

$$E[(I_{\llbracket 0_H \rrbracket} * A)_\infty] = E[I_H \cdot A_0] = 0 \quad \text{et} \quad E[(I_{\rrbracket S, T \rrbracket} * A)_\infty] = E[A_T - A_S]$$

et des égalités analogues pour B: d'où $E[(X * A)_\infty] = E[(X * B)_\infty]$ puisque l'on a $E[A_T] = E[B_T]$ et $E[A_S] = E[B_S]$. ◻

Lorsqu'on applique le critère a) au cas où les processus A et B sont adaptés, on obtient le corollaire

T38 *Théorème.— Deux processus croissants adaptés A et B sont associés si et seulement si le processus $A - B$ est une martingale.*

Nous verrons à la fin de ce paragraphe un autre critère important: deux processus croissants intégrables sont associés si et seulement s'ils engendrent le même potentiel.

Voici une application intéressante du corollaire précédent, qui montre qu'on ne peut pas en général définir des intégrales stochastiques par rapport à une martingale en intégrant suivant chaque trajectoire.

T39 *Théorème.— Soit $M = (M_t)$ une martingale continue. Si les trajectoires de M sont à variation bornée sur tout intervalle compact, on a p.s.*

$$M_t = M_0 \text{ pour tout } t.$$

Démonstration.— Pour chaque $t \in \mathbb{R}_+$ et chaque entier n, posons

$$A_t^n = \sum_k (M_{k \cdot 2^{-n}} - M_{(k-1) \cdot 2^{-n}})^+, \quad B_t^n = \sum_k (M_{k \cdot 2^{-n}} - M_{(k-1) \cdot 2^{-n}})^-,$$

les sommations étant faites sur les entiers k tels que $k \leq 2^n \cdot t$, et soient

$$A_t = \lim_n A_t^n, \quad B_t = \lim_n B_t^n.$$

Ces limites existent, car A_t^n et B_t^n croissent avec n, et sont finies lorsque les trajectoires de M sont à variation bornée. Dans ces conditions, il est clair que l'on définit ainsi deux processus croissants $A = (A_t)$ et $B = (B_t)$, adaptés, et que ces processus croissants sont continus lorsque M est continue. Ainsi, lorsque M est continue et a ses trajectoires à variation bornée, on peut écrire M sous la forme

$$M = M_0 \cdot I_{[\![0, +\infty[\![} + A - B,$$

où A et B sont deux processus croissants adaptés et continus, et par conséquent prévisibles. Mais, comme M est une martingale, les processus A et B sont associés: ils sont donc égaux d'après T36, et on a

$$M = M_0 \cdot I_{[\![0, +\infty[\![}. \quad ◻$$

Le théorème suivant caractérise les processus croissants adaptés associés à un processus croissant prévisible continu suivant la nature de leurs sauts.

T40 *Théorème.— Soit $A = (A_t)$ un processus croissant adapté, et soit $A^3 = (A_t^3)$ la projection duale prévisible de A. Alors A^3 est continu si et seulement si A est quasi-continu à gauche.*

Démonstration.— Rappelons que A est quasi-continu à gauche si $A_T = A_{T-}$ pour tout t.d'a. prévisible T, soit si les temps de saut de A sont totalement inaccessibles. Si T est un t.d'a. prévisible borné, on a

$$E[(A_T - A_{T-})] = E[(I_{[\![T]\!]} * A)_\infty] = E[(I_{[\![T]\!]} * A^3)_\infty] = E[(A_T^3 - A_{T-}^3)].$$

Le processus A^3 étant prévisible, il est continu si et seulement s'il ne charge aucun t.d'a. prévisible (cf IV-T30), donc si et seulement si A est quasi-continu à gauche. ☐

Sauts des martingales et classification des temps d'arrêt

Soit T un temps d'arrêt totalement inaccessible, et soit $A = I_{[\![T,+\infty[\![}$. D'après le théorème précédent, le processus A^3 est continu. Comme A est borné, A^3 est intégrable, et comme A et A^3 sont associés. le processus $A - A^3$ est une martingale, uniformément intégrable. Puisque A a un seul saut en T et que A^3 est continu, on en déduit le théorème.

T41   *Théorème.*— *Soit T un temps d'arrêt totalement inaccessible. Il existe une martingale continue à droite et uniformément intégrable dont la seule discontinuité soit un saut d'amplitude unité à l'instant T sur $\{T < +\infty\}$.*

Lorsque la famille $(\mathscr{F}_t)$ est quasi-continue à gauche, on a la réciproque.

T42   *Théorème.*— *Si la famille $(\mathscr{F}_t)$ est quasi-continue à gauche, les sauts d'une martingale continue à droite sont totalement inaccessibles (autrement dit toute martingale continue à droite est quasi-continue à gauche).*

Démonstration.— Soit $M = (M_t)$ une martingale continue à droite. Nous devons montrer que tous les temps de saut de M sont totalement inaccessibles. Quitte à considérer, pour chaque entier n, la martingale $(M_{t \wedge n})$, on peut supposer M uniformément intégrable. Si $(\mathscr{F}_t)$ est quasi-continue à gauche, les t.d'a. accessibles sont prévisibles et $\mathscr{F}_T = \mathscr{F}_{T-}$ pour tout t.d'a. prévisible T. Pour un tel t.d'a., on a alors d'après T10

$$M_T = E[M_T \mid \mathscr{F}_T] = E[M_T \mid \mathscr{F}_{T-}] = M_{T-}$$

et donc tout temps de saut de M est totalement inaccessible. ☐

Si M est une martingale uniformément intégrable et si T est un t.d'a. prévisible, M_{T-} est une v.a. intégrable et l'on a $E[M_{T-}] = E[M_T]$. En fait, cette propriété catacrérise, les temps d'arrêt prévisibles:

T43   *Théorème.*— *Soit T un temps d'arrêt tel que l'on ait $E[M_{T-}] = E[M_T]$ pour toute martingale continue à droite et bornée $M = (M_t)$. Alors T est prévisible.*

Démonstration.— Il résulte de T27 que le processus croissant $A = I_{[\![T_{\{T>0\}},+\infty[\![}$ est prévisible: T est alors prévisible (cf IV-35). $\square$

Nous allons donner maintenant un exemple de martingale positive $M = (M_t)$, uniformément intégrable, et de t.d'a. totalement inaccessible T tel que M_{T-} ne soit pas intégrable.

44 *Exemple.—* Soit $M = (M_t)$ une martingale continue à droite, positive, et uniformément intégrable. Soit d'autre part T un t.d'a. p.s. fini et strictement positif, et désignons par A le processus croissant $I_{[\![T,+\infty[\![}$. Comme $M_- = (M_{t-})$ est égale à la projection prévisible de M, on a d'après T28 et IV-T47

$$E[M_{T-}] = E[(M_- * A)_\infty] = E[(M * A^3)_\infty] = E[M_\infty \cdot A^3_\infty].$$

Lorsque T est prévisible, on a $A_\infty = A^3_\infty = 1$: on retrouve l'égalité $E[M_{T-}] = E[M_T]$. Mais, si T est totalement inaccessible, A^3_∞ reste une v.a. intégrable, mais peut ne pas être bornée: il est alors possible que M_{T-} ne soit pas intégrable. Voici un exemple de cette situation. Reprenons l'exemple étudié au no 52 du chapitre III: Ω est égal à $\mathbb{R}_+$, S désigne l'identité sur Ω, et $\mathscr{F}^0_t$ (resp $\mathscr{F}^0$) est la tribu engendrée par $S \wedge t$ (resp S). Si P est une loi de probabilité sur $(\Omega, \mathscr{F}^0)$, on désigne par $\mathscr{F}_t$ (resp $\mathscr{F}$) la tribu engendrée par $\mathscr{F}^0_t$ (resp $\mathscr{F}^0$) et par les ensembles P-négligeables. Prenons comme loi de probabilité la loi exponentielle: $dP = e^{-t}\, dt$. Comme P est diffuse, S est un t.d'a. totalement inaccessible (cf III-T54): le processus croissant $A = I_{[\![S,+\infty[\![}$ est quasi-continu à gauche. La projection duale prévisible A^3 de A est définie par

$$A^3_t = S \wedge t \text{ pour tout } t \in \mathbb{R}_+$$

(il est clair que le processus croissant $(S \wedge t)$ est adapté et continu, donc prévisible, et on peut vérifier directement que le processus $(I_{\{S<t\}} - S \wedge t)$ est une martingale, ce qui montre que l'on a bien $(A^3_t) = (S \wedge t)$. Mais nous donnerons à la fin de ce chapitre une formule générale donnant la valeur de A^3 pour toute loi de probabilité P sur $(\Omega, \mathscr{F}^0)$). Désignons par Z la v.a. positive

$$Z = S^{-2} \cdot e^S \cdot I_{\{S>1\}}.$$

Cette v.a. Z est intégrable

$$E[Z] = \int_1^\infty t^{-2} \cdot e^t \cdot e^{-t}\, dt = 1.$$

La martingale positive et continue à droite $(M_t) = (E[Z \mid \mathscr{F}_t])$ est donc uniformément intégrable. D'après l'égalité établie ci-dessus, on a

$$E[M_{S-}] = E[M_\infty \cdot A^3_\infty] = E[Z \cdot S] = \int_1^\infty t^{-2} \cdot e^t \cdot t \cdot e^{-t}\, dt = +\infty$$

et donc M_{S_-} n'est pas intégrable (cela entraîne évidemment que la v.a. $\sup_t M_t$ n'est pas intégrable; elle l'eût été, d'après un théorème de Doob, si $Z \cdot \log^+ Z$ avait été intégrable.)

Potentiel engendré par un processus croissant intégrable

45   Soit $A = (A_t)$ un processus croissant intégrable. D'après T3, il existe une surmartingale continue à droite $Z = (Z_t)$ (unique à l'indistinguabilité près) telle que l'on ait, pour tout t,

$$Z_t^{\cdot} = E[A_\infty - A_t^{\blacksquare} \,|\, \mathscr{F}_t] \text{ p.s.}$$

La surmartingale Z est positive, uniformément intégrable (elle est majorée par la martingale uniformément intégrable $(E[A_\infty \,|\, \mathscr{F}_t])$) et sa v.a. terminale Z_∞ est nulle: Z est donc un potentiel. Nous dirons que Z est le *potentiel engendré par le processus croissant intégrable* A.

T46   *Théorème.— Deux processus croissants intégrables sont associés si et seulement s'ils engendrent le même potentiel.*

Démonstration.— Soient $A = (A_t)$ et $B = (B_t)$ deux processus croissants intégrables engendrant respectivement les potentiels $X = (X_t)$ et $Y = (Y_t)$. On a pour tout t

$$X_t - Y_t = E[A_\infty - B_\infty \,|\, \mathscr{F}_t] - E[A_t - B_t \,|\, \mathscr{F}_t].$$

Il résulte alors de T37 que A et B sont associés si et seulement si on a $X = Y$.   ☐

Par conséquent, un potentiel engendré par un processus croissant est toujours engendré par un processus croissant prévisible, et ce dernier est unique: c'est la projection duale prévisible du processus croissant initial.

T47   *Théorème.— Soient $A = (A_t)$ un processus croissant intégrable et $Z = (Z_t)$ le potentiel engendré par A. Alors Z est un potentiel de la classe* (D), *et l'on a, pour tout temps d'arrêt T,*

$$Z_T = E[A_\infty - A_T \,|\, \mathscr{F}_T] \text{ p.s.}$$

Démonstration.— Rappelons qu'une surmartingale uniformément intégrable (X_t) est dite de la classe (D) si la famille des v.a. de la forme X_T est uniformément intégrable lorsque T parcourt l'ensemble des t.d'a. Le potentiel Z est engendré par A^3, et comme ce dernier est adapté, on a, pour tout t,

$$Z_t = E[A_\infty^3 \,|\, \mathscr{F}_t] - A_t^3.$$

Comme la martingale $(E[A_\infty^3 \,|\, \mathscr{F}_t)$ est uniformément intégrable (A_∞^3 étant une v.a. intégrable) et que les v.a. A_t^3 sont majorées par la v.a.

intégrable A^3_∞, la martingale $(E[A^3_\infty | \mathscr{F}_t])$ est de la classe (D) (cf T9) ainsi que la surmartingale négative $(-A^3_t)$: par conséquent, leur somme Z est aussi de la classe (D). D'autre part, d'après le théorème d'arrêt de Doob (cf T7), on a, pour tout t.d'a. T,

$$Z_T = E[A^3_\infty | \mathscr{F}_T] - A^3_T$$

et, d'après T37, le second membre de cette égalité est égal à $E[A_\infty - A_T | \mathscr{F}_T]$. D'où l'égalité de l'énoncé, qui étend la formule de définition de Z aux temps d'arrêt quelconques. ☐

Remarque.— Les deux théorèmes précédents sont presque évidents lorsqu'on ne considère que des processus croissants adaptés: T46 résulte alors de T38 et, dans la démonstration de T47, on peut remplacer partout A^3 par A (on a seulement utilisé le fait que A^3 est adapté).

5. Le théorème de décomposition des surmartingales

48 Soit $X = (X_t)$ une surmartingale continue à droite et uniformément intégrable. On dit que X admet une *décomposition de Doob* s'il existe une martingale continue à droite $M = (M_t)$ et un processus croissant adapté $A = (A_t)$ tels que l'on ait

$$M = X + A.$$

D'après T12, la surmartingale X admet toujours une décomposition de Riesz

$$X = Y + Z,$$

où Y est une martingale uniformément intégrable et Z est un potentiel: par conséquent, X admet une décomposition de Doob si et seulement si sa partie «potentiel» Z en admet une. Supposons que Z admette une décomposition de Doob: il existe une martingale $M = (M_t)$ et un processus croissant adapté $A = (A_t)$ tels que l'on ait, pour tout t,

$$M_t = Z_t + A_t \quad (*).$$

Comme on a $E[A_t] = E[M_t] - E[Z_t]$ et $\lim_{t \to +\infty} E[Z_t] = 0$, le processus croissant A est intégrable et donc la martingale M est uniformément intégrable. Mais, puisqu'on a aussi $\lim_{t \to +\infty} Z_t = 0$, on a $M_\infty = A_\infty$. Ainsi, d'après T8, l'égalité (*) s'écrit encore

$$E[A_\infty | \mathscr{F}_t] = Z_t + A_t.$$

Autrement dit, le potentiel Z est engendré par le processus croissant adapté et intégrable A. Par conséquent, pour que le potentiel Z admette une décomposition de Doob, il est nécessaire, d'après T47, que Z soit de la classe (D). Nous allons voir que cette condition est suffisante.

T49   *Théorème.— Soit $Z = (Z_t)$ un potentiel de la classe (D). Il existe un et un seul processus croissant intégrable et prévisible $A = (A_t)$ tel que Z soit le potentiel engendré par A.*

Démonstration.— L'unicité de A résulte de T36 et de T46. La démonstration de l'existence va nécessiter plusieurs lemmes. Nous allons construire une mesure sur la tribu des ensembles prévisibles que nous allons étendre à la tribu des ensembles mesurables, puis nous désintègrerons cette mesure pour obtenir le processus croissant A.

Considérons l'ensemble des intervalles stochastiques de la forme $[\![0_F]\!]$, où $F \in \mathscr{F}_0$, et de la forme $]\!]S, T]\!]$ et désignons par $\mathscr{J}$ l'algèbre de Boole constituée par les réunions finies d'intervalles stochastiques de cette forme : cette algèbre engendre la tribu des ensembles prévisibles d'après IV-T4. Tout élément H de $\mathscr{J}$ s'écrit d'une manière unique sous la forme

$$H = [\![0_F]\!] \cup]\!]S_1, T_1]\!] \cup \cdots \cup]\!]S_n, T_n]\!],$$

où l'on a $F \in \mathscr{F}_0$, $S_i < T_i$ sur $\{S_i < +\infty\}$ et $T_i < S_{i+1}$ sur $\{T_i < +\infty\}$ (S_1 est égal au début de H, T_1 à celui de $]\!]S_1, +\infty[\![\wedge H^c$, S_2 à celui de $]\!]T_1, +\infty[\![\wedge H$, etc). Nous désignerons par $\overline{H}$ l'ensemble

$$\overline{H} = [\![0_F]\!] \cup [\![S_1, T_1]\!] \cup \cdots \cup [\![S_n, T_n]\!]$$

et nous poserons

$$\mu(H) = E[Z_{S_1} - Z_{T_1}] + \cdots + E[Z_{S_n} - Z_{T_n}].$$

Il est clair que la fonction μ ainsi définie sur $\mathscr{J}$ est positive (Z étant une surmartingale), bornée (Z étant un potentiel) et on vérifie aisément qu'elle est additive. Nous allons montrer que μ est une mesure sur l'algèbre de Boole $\mathscr{J}$: c'est ici que va intervenir le fait que Z est de la classe (D). Nous allons d'abord établir un lemme qui nous permettra de remplacer les éléments de $\mathscr{J}$ par des ensembles dont les coupes sont fermées dans $\mathbb{R}_+$.

Lemme.— Soit H un élément de $\mathscr{J}$. Pour tout $\varepsilon > 0$, il existe un élément K de $\mathscr{J}$ tel que l'on ait $\overline{K} \subset H$ et $\mu(H) \leqq \mu(K) + \varepsilon$.

Démonstration.— On peut évidemment supposer que H est un intervalle stochastique de la forme $]\!]S, T]\!]$, avec $S < T$ sur $\{S < +\infty\}$. Désignons par S_n la restriction de $S + \frac{1}{n}$ à $\left\{S + \frac{1}{n} < T\right\}$ et par T_n la restriction de T à ce même ensemble.

On a $S_n \geqq S$, $S_n > S$ sur $\{S < +\infty\}$ et $S = \lim_n S_n$, et aussi

$$T_n \geqq T, T_n = T \text{ sur } \{S_n < +\infty\} \text{ et } \lim_n T_n = T,$$

Donc, $[\![S_n, T_n]\!]$ est contenu dans $]\!]S, T]\!]$ pour chaque n et on a

$$\lim_n E\left[Z_{S_n} - Z_{T_n}\right] = E\left[Z_S - Z_T\right].$$

En effet, comme Z est continu à droite, on a $Z_S = \lim_n Z_{S_n}$ et $Z_T = \lim_n Z_{T_n}$ et comme Z est de la classe $(D)^2$, ces limites ont lieu aussi dans $L^1(P)$. Il suffit alors de prendre $K =]\!]S_n, T_n]\!]$ avec n suffisamment grand. ∎

Lemme.— μ *est une mesure bornée sur l'algèbre de* Boole $\mathscr{J}$.

Démonstration.— Il nous reste à verifiér la σ-additivité de μ. Comme μ est bornée nous devons montrer que, si (H_n) est une suite décroissante d'éléments de $\mathscr{J}$ tendant vers $\emptyset$, alors $\mu(H_n)$ tend vers 0. Soit $\varepsilon > 0$, et pour chaque n, soit K_n un élément de $\mathscr{J}$ tel que H_n contienne $\overline{K}_n$ et que l'on ait

$$\mu(H_n) \leqq \mu(K_n) + 2^{-n}\varepsilon.$$

Si on pose

$$L_n = K_1 \cap K_2 \cap \cdots \cap K_n,$$

on a pour chaque n

$$\mu(H_n) \leqq \mu(L_n) + \varepsilon.$$

D'autre part, la suite $(\overline{L}_n)$ est décroissante et tend évidemment vers $\emptyset$: par conséquent, si D_n désigne le début de $\overline{L}_n$, la suite (D_n) est croissante et tend vers $+\infty$ (ceci, parce que les coupes des $\overline{L}_n$ sont fermées dans $\mathbb{R}_+$). Comme on a pour chaque n

$$\mu(L_n) \leqq E[Z_{D_n} - Z_\infty] = E[Z_{D_n}]$$

et que Z_{D_n} tend vers 0 dans $L^1(P)$, Z étant un potentiel de la classe (D), on a $\lim_n \mu(L_n) = 0$. Ainsi, pour tout $\varepsilon > 0$, on a $\lim_n \mu(H_n) \leqq \varepsilon$, et donc $\lim_n \mu(H_n) = 0$. ∎

La mesure μ sur l'algèbre $\mathscr{J}$ admet un prolongement unique à la tribu qu'elle engendre, i.e. à la tribu des ensembles prévisibles. Ce prolongement, noté encore μ, possède les propriétés suivantes:

Lemme.— a) $\mu([\![0]\!]) = 0$ *et* $\mu([\![0, +\infty[\![) < +\infty$,

b) *on a* $\mu(H) = 0$ *pour tout ensemble prévisible évanescent* H.

Démonstration.— Le point a) est évident. Si H est évanescent, sont début D_H est p.s. infini, et donc $A = \{D_H < +\infty\}$ appartient à $\mathscr{F}_0$. L'ensemble H est contenu dans $[\![0_A]\!] \cup]\!]0_A, +\infty[\![$. Comme 0_A est p.s. infini, il est clair que l'on a alors $\mu(H) = 0$. ∎

---

[2] l'égalité a lieu même si Z n'est pas de la classe (D): elle résulte du lemme de Fatou et du théorème d'arrêt de Doob.

Nous allons achever maintenant la démonstration de T49. Nous prolongerons la mesure μ, définie sur la tribu des ensembles prévisibles, à la tribu des ensembles mesurables en posant, pour tout processus mesurable positif X,

$$\overline{\mu}(X) = \mu(^3X).$$

Le prolongement $\overline{\mu}$ ainsi défini est engendré par un processus croissant prévisible et intégrable $A = (A_t)$ d'après le no 29, et, étant donnée la définition de μ, on a, pour tout couple de t.d'a. (S, T) tels que $S \leqq T$,

$$E[A_T - A_S] = \mu(]S, T]) = E[Z_S - Z_T].$$

On a donc pour tout $t \in \mathbb{R}_+$ et tout $H \in \mathscr{F}_t$, en posant $S = t_H$ et $T = +\infty$

$$E[I_H \cdot (A_\infty - A_t)] = E[I_H \cdot Z_t]$$

ce qui entraine que l'on a $Z_t = E[A_\infty - A_t \mid \mathscr{F}_t]$ pour tout t: ainsi, Z est le potentiel engendré par le processus croissant prévisible A. ▯

Revenons maintenant au cas général: si X est une surmartingale continue à droite et uniformément intégrable, sa partie potentiel dans la décomposition de Riesz est de la classe (D) si et seulement si X est de la classe (D). Les surmartingales de la classe (D) sont donc celles qui admettent une décomposition de Doob. On a ainsi, d'après le no 48

T50   *Théorème.— Soit X une surmartingale de la classe (D). Il existe un processus croissant prévisible unique A, intégrable, tel que le processus*

$$M = X + A$$

soit une martingale.

Nous allons caractériser maintenant les surmartingales X telles que le processus croissant A de la décomposition de Doob soit continu.

Surmartingales régulières

Soit X une surmartingale continue à droite et uniformément intégrable, et soit $X = Y + Z$ sa décomposition de Riesz en une martingale uniformément intégrable Y et un potentiel Z. Si T est un t.d'a. prévisible annoncé par la suite de t.d'a. (T_n), $Y_{T-} = E[Y_T \mid \mathscr{F}_{T-}]$ est une v.a. intégrable (cf T10) et $Z_{T-} = \lim Z_{T_n}$ est aussi une v.a. intégrable d'après le lemme de Fatou (la suite des $E[Z_{T_n}]$ étant décroissante d'après le théorème d'arrêt de Doob): par conséquent, X_{T-} est une v.a. intégrable. On a d'autre part, pour tout n,

$$X_{T_n} \geqq E[X_T \mid \mathscr{F}_{T_n}]$$

d'après le théorème d'arrêt de Doob, et comme on a $\mathscr{F}_{T-} = \bigvee_n \mathscr{F}_{T_n}$, on a, par passage à la limite,

$$X_{T-} \geqq E[X_T | \mathscr{F}_{T-}],$$

puisque l'on a $\lim_n E[X_T | \mathscr{F}_{T_n}] = E[X_T | \mathscr{F}_{T-}]$ d'après le théorème de convergence des martingales. Par conséquent, si T est un t.d'a. prévisible, on a $E[X_{T-}] = E[X_T]$ si et seulement si on a

$$X_{T-} = E[X_T | \mathscr{F}_{T-}].$$

D51   *Définition.— Soit $X = (X_t)$ une surmartingale continue à droite et uniformément intégrable. On dit que X est une surmartingale* régulière *si l'on a*

$$E[X_{T-}] = E[X_T]$$

pour tout temps d'arrêt prévisible T. Si X est regulière, on a alors

$$X_{T-} = E[X_T | \mathscr{F}_{T-}]$$

pour tout temps d'arrêt prévisible T.

Si X est une surmartingale positive ou bornée, X est régulière si et seulement si sa projection prévisible est égale à sa version continue à gauche. La surmartingale X est régulière dès qu'elle est quasi-continue à gauche ; la réciproque est vraie lorsque la famille $(\mathscr{F}_t)$ est quasi-continue à gauche. Enfin, toute martingale continue à droite et uniformément intégrable est régulière ; en particulier, la surmartingale X est régulière si et seulement si sa partie potentiel dans la décomposition de Riesz est régulière.

T52   *Théorème.— Soient X une surmartingale continue à droite de la classe (D) et A le processus croissant prévisible de la décomposition de Doob de X. Le processus croissant A est continu si et seulement si la surmartingale X est régulière.*

Démonstration.— Le processus croissant A est intégrable, et donc la martingale $M = X + A$ est uniformément intégrable. Pour tout t.d'a. prévisible T, on a

$$M_T = X_T + A_T, M_{T-} = X_{T-} + A_{T-} \text{ et } E[M_T] = E[M_{T-}],$$

et donc

$$E[A_T - A_{T-}] = E[X_{T-} - X_T].$$

Comme A est prévisible, il est continu si et seulement s'il ne charge pas les t.d'a. prévisibles (cf IV-T30). Par conséquent, A est continu si et seulement si X est régulière.   ☐

Approximation par les laplaciens approchés

Soient $X = (X_t)$ un potentiel de la classe (D) et $A = (A_t)$ le processus croissant prévisible et intégrable qui engendre X. Nous donnons ici une méthode pour approcher A par des processus croissants construits explicitement à partir de X.

53   Pour tout réel $h > 0$, soit $p_h X_t$ une version de $E[X_{t+h} | \mathscr{F}_t]$ pour chaque $t \in \mathbb{R}_+$. On vérifie aisément que $(p_h X_t)_{t \in \mathbb{R}_+}$ est une surmartingale, que la fonction $t \to E[p_h X_t]$ est continue à droite et que $\lim\limits_{t \to +\infty} E[p_h X_t] = 0$.
D'après T3, il existe un choix (unique à l'indistinguabilité près) des $p_h X_t$ tel que le processus $p_h X = (p_h X_t)$ soit un potentiel. D'autre part, on a $p_h X_t \leqq X_t$ p.s. pour tout t; comme $p_h X$ et X sont continus à droite, on a $p_h X \leqq X$ à l'indistinguabilité près. Posons alors pour tout $t \in \mathbb{R}_+$

$$A_t^h = \frac{1}{h} \int\limits_0^t (X_s - p_h X_s) \, \mathrm{d}s.$$

Le processus croissant $A^h = (A_t^h)$ ainsi défini est adapté et continu, donc prévisible. Il est appelé le *laplacien approché d'ordre* h du potentiel X. Comme le potentiel X est engendré par le processus croissant A, on a

$$E[X_{T+h} | \mathscr{F}_T] = E[A_\infty - A_{T+h} | \mathscr{F}_T]$$

pour tout t.d'a. T d'après T47. En particulier, on a, pour tout t,

$$p_h X_t = E[A_\infty - A_{t+h} | \mathscr{F}_t]$$

et donc $p_h X$ est le potentiel engendré par le processus croissant (non adapté) $t \to A_{t+h} - A_h$. D'après T47, on a aussi, pour tout t.d'a. T,

$$(p_h X)_T = E[A_\infty - A_{T+h} | \mathscr{F}_T].$$

La relation de définition de $p_h X_t$ s'étend alors aux t.d'a., et nous écrirons $p_h X_T$ la v.a. $(p_h X)_T$. Des égalités écrites ci-dessus, on déduit l'égalité

$$X_T - p_h X_T = E[A_{T+h} - A_T | \mathscr{F}_T]$$

pour tout t.d'a. T. Par conséquent, le processus $X - p_h X$ est égal à la projection bien-mesurable du processus $t \to A_{t+h} - A_t$. Il résulte alors de T25 que l'on a

$$E\left[\int\limits_0^T Y_t \, \mathrm{d}A_t^h \right] = E\left[\frac{1}{h} \int\limits_0^T Y_t (X_t - p_h X_t) \, \mathrm{d}t \right] = E\left[\frac{1}{h} \int\limits_0^T Y_t (A_{t+h} - A_t) \, \mathrm{d}t \right]$$

pour tout processus bien-mesurable positif $Y = (Y_t)$ et tout t.d'a. T.

Voici le théorème d'approximation

T54 *Théorème.— Pour tout temps d'arrêt T, on a, au sens de la topologie faible $\sigma(L^1, L^\infty)$,*

$$A_T = \lim_{h \to 0} A_T^h.$$

Démonstration.— Nous devons montrer que l'on a

$$E[Z \cdot A_T] = \lim_{h \to 0} E[Z \cdot A_T^h] \qquad (1)$$

pour toute v.a. positive bornée Z. Désignons par $M = (M_t)$ la martingale continue à droite $(E[Z \,|\, \mathscr{F}_t])$. D'après IV-T47, l'égalité (1) s'écrit

$$E\left[\int_0^T M_t \, dA_t\right] = \lim_{h \to 0} E\left[\frac{1}{h} \int_0^T M_t (X_t - p_h X_t) \, dt\right], \qquad (2)$$

ou, encore, d'après la dernière égalité du no 53,

$$E\left[\int_0^T M_t \, dA_t\right] = \lim_{h \to 0} E\left[\frac{1}{h} \int_0^T M_t (A_{t+h} - A_t) \, dt\right]. \qquad (3)$$

C'est cette dernière égalité que nous allons démontrer. D'après le théorème de Fubini, on a

$$\frac{1}{h} \int_0^T M_t (A_{t+h} - A_t) \, dt = \frac{1}{h} \int_0^T M_t \left(\int_t^{t+h} dA_s\right) dt$$
$$= \frac{1}{h} \int_0^{T+h} \left(\int_{(s-h)^+}^{T \wedge s} M_t \, dt\right) dA_s. \qquad (4)$$

La v.a. définie par (4) est positive et est majorée par la v.a. $\|Z\|_\infty \cdot A_\infty$, qui est intégrable. On peut donc passer à la limite sous le signe espérance «E» dans le second membre de (3), si cette limite existe. Or on a

$$\frac{1}{h} \int_0^{T+h} \left(\int_{(s-h)^+}^{T \wedge s} M_t \, dt\right) dA_s = \int_h^T \left(\frac{1}{h} \int_{s-h}^s M_t \, dt\right) dA_s$$
$$+ \frac{1}{h} \int_0^h \left(\int_0^{T \wedge s} M_t \, dt\right) dA_s + \frac{1}{h} \int_T^{T+h} \left(\int_{(s-h)^+}^T M_t \, dt\right) dA_s.$$

Les deuxième et troisième expressions du second membre sont majorées par $h \cdot \|Z\|_\infty \cdot A_\infty$: elles tendent vers 0 quand h tend vers 0. D'autre part, pour chaque ω, la fonction $t \to M_t(\omega)$ est une fonction bornée, continue à droite et admettant des limites à gauche. Il est alors clair que l'on a

$$\lim_{h \to 0} \int_h^T \left(\frac{1}{h} \int_{s-h}^s M_t \, dt\right) dA_s = \int_0^T M_{s-} \, dA_s.$$

Ainsi, le deuxième membre de l'égalité (3) vérifie l'égalité

$$\lim_{h \to 0} E\left[\frac{1}{h}\int_0^T M_t(A_{t+h} - A_t)\right] dt = E\left[\int_0^T M_{t-}\, dA_t\right].$$

Mais, le processus croissant A est prévisible: on a donc d'après T25

$$E\left[\int_0^T M_t dA_t\right] = E\left[\int_0^T M_{t-}\, dA_t\right],$$

ce qui achève la démonstration de l'égalité (3). $\Box$

Remarque.— On ne peut espérer avoir une convergence plus forte dans le cas général (cf Dellacherie et Doléans [24]). Cependant, lorsque le processus croissant A est continu (soit, lorsque le potentiel X est régulier), la convergence de A_T^h vers A_T a lieu pour la topologie forte de L^1. Pour une étude détaillée des laplaciens approchés, voir Meyer [31].

Étude d'un exemple

55 Nous allons reprendre l'exemple introduit au no 52 du chapitre III. Rappelons-en les données initiales: on prend $\Omega = \mathbb{R}_+$, muni de sa tribu borélienne $\mathscr{F}^0$, et on désigne par S l'application identité de Ω sur $\mathbb{R}_+$. La loi P sur $(\Omega, \mathscr{F}^0)$ vérifie les conditions: $P\{S = 0\} = 0$ et $P\{S > t\} > 0$ pour tout $t \in \mathbb{R}_+$. Enfin, pour chaque t, on désigne par $\mathscr{F}_t^0$ la tribu engendrée par $S \wedge t$ et par $\mathscr{F}_t$ la tribu engendrée par $\mathscr{F}_t^0$ et par les ensembles P-négligeables. Comme la tribu $\mathscr{F}_t^0$ est encore égale à la tribu engendrée par les boréliens de $[0, t]$ et par l'atome $]t, +\infty[$, le conditionnement d'une v.a. par rapport à $\mathscr{F}_t$ s'écrit d'une manière très simple: si Z est une v.a. positive, on a

$$E[Z \mid \mathscr{F}_t] = Z \cdot I_{\{S \leq t\}} + \frac{E[Z \cdot I_{\{S > t\}}]}{P\{S > t\}} \cdot I_{\{S > t\}} \quad \text{p.s.}$$

et le second membre définit la version continue à droite de la martingale $(E[Z \mid \mathscr{F}_t])$. Considérons le processus croissant $A = I_{[\![S, +\infty[\![}$: nous allons déterminer, à l'aide des laplaciens approchés, la forme explicite de la projection duale prévisible A^3 de A. Les processus croissants A et A^3 engendrent le même potentiel X, égal à $I_{[\![0, S[\![}$, puisque l'on a

$$X_t = E[A_\infty - A_t \mid \mathscr{F}_t] = I_{\{S > t\}}.$$

Pour tout $h > 0$ et tout $t \in \mathbb{R}_+$, on a

$$E[X_{t+h} \mid \mathscr{F}_t] = X_{t+h} \cdot I_{\{S \leq t\}} + \frac{E[X_{t+h} \cdot I_{\{S > t\}}]}{P\{S > t\}} \cdot I_{\{S > t\}} \quad \text{p.s.}$$

Désignons par F la fonction de répartition de P. Comme on a $X_{t+h} = I_{\{S > t+h\}}$, l'égalité précédente prend la forme simple

$$E[X_{t+h} \mid \mathscr{F}_t] = \frac{1 - F(t + h)}{1 - F(t)} I_{\{S > t\}} \quad \text{p.s.}$$

et le second membre définit le potentiel $p_h X$. Par conséquent, le laplacien approché d'ordre h est défini par

$$A_t^h = \frac{1}{h} \int_0^{S \wedge t} \frac{F(s + h) - F(s)}{1 - F(s)} \, ds.$$

Il est possible de montrer, dans ce cas particulier, que A_t^h converge vers A_t^3 p.s. et dans L^1, mais nous nous contenterons de déterminer d'une manière heuristique la forme de A_t^3 en faisant des passages à la limite sans justification. Nous vérifierons ensuite que l'on obtient bien ainsi la projection prévisible de A. Par application du théorème de Fubini, comme dans la démonstration de T54, on obtient

$$A_t^h = \frac{1}{h} \int_0^{S \wedge t} \left(\int_s^{s+h} dF(u) \right) \frac{ds}{1 - F(s)} = \int_0^{(S \wedge t) + h} \left(\frac{1}{h} \int_{(u-h)^+}^{(S \wedge t) \wedge u} \frac{ds}{1 - F(s)} \right) dF(u)$$

et finalement, en faisant tendre h vers 0,

$$A_t^3 = \int_0^{S \wedge t} \frac{dF(u)}{1 - F(u-)}.$$

T56   *Théorème.— La projection duale prévisible $A^3 = (A_t^3)$ du processus croissant $A = I_{[\![S, +\infty[\![}$ est définie par l'égalité*

$$A_t^3 = \int_0^{S \wedge t} \frac{dF(u)}{1 - F(u-)}$$

où F désigne la fonction de répartition de la loi P.

Démonstration.— Désignons par f la fonction borélienne sur $\mathbb{R}_+$ définie par

$$f(t) = \int_0^t \frac{dF(u)}{1 - F(u-)}.$$

Le second membre de l'égalité de l'énoncé définit un processus croissant $B = (B_t)$ et ce processus est prévisible: en effet, on a $B_t = f(S \wedge t)$, et comme le processus $(S \wedge t)$ est prévisible (il est adapté et continu), (B_t) est également prévisible. Il nous reste à vérifier que B engendre le potentiel X engendré par A. Or, on a

$$E[B_\infty \mid \mathscr{F}_t] = f(S) \cdot I_{\{S \le t\}} + \frac{E[f(S) \cdot I_{\{S > t\}}]}{P\{S > t\}} I_{\{S > t\}}$$

et

$$E[f(S) \cdot I_{\{S > t\}}] = \int_0^\infty \left(\int_0^s \frac{dF(u)}{1 - F(u-)} \right) dF(s) = (1 - F(t)) \cdot f(t) + (1 - F(t))$$

la dernière égalité étant obtenue par application du théorème de Fubini. Il est alors clair que l'on a $E[B_\infty \,|\, \mathscr{F}_t] - B_t = I_{\{S>t\}} = X_t.$ ☐

Lorsque P est une loi diffuse, F est continue et, d'après le théorème de changement de variable (cf IV-T44), on a

$$\int_0^t \frac{\mathrm{d}F(u)}{1 - F(u)} = \mathrm{Log}\, \frac{1}{1 - F(t)}.$$

T57 *Théorème.— Supposons la loi P diffuse. La projection duale prévisible $A^3 = (A_t^3)$ du processus croissant $A = I_{[\![S,+\infty[\![}$ est définie par l'égalité*

$$A_t^3 = \mathrm{Log}\, \frac{1}{1 - F(S \wedge t)},$$

où F désigne la fonction de répartition de P.

On remarquera que A^3 est continu dans ce cas. Cela tient au fait que S est alors un t.d'a. totalement inaccessible: A est quasi-continu à gauche. Lorsque P est la loi exponentielle, on a $F(t) = 1 - e^{-t}$ et donc $A_t^3 = S \wedge t$.

Chapitre VI

Ensembles aléatoires

Nous travaillons toujours sur un espace probabilisé complet $(\Omega, \mathscr{F}, P)$, muni d'une famille croissante de sous-tribus $(\mathscr{F}_t)$ vérifiant les conditions habituelles. Un ensemble aléatoire est une application $A : \omega \to A(\omega)$ de Ω dans $\mathfrak{P}(\mathbb{R}_+)$. On adapte de manière évidente le vocabulaire topologique : par exemple A est fermé si $A(\omega)$ est fermé pour tout ω. La donnée d'un ensemble aléatoire A est équivalente à celle de la partie $H = \{(t, \omega) : t \in A(\omega)\}$ de $\mathbb{R}_+ \times \Omega$, et nous confondrons ces deux interprétations : nous appellerons ainsi «ensembles aléatoires» les parties de $\mathbb{R}_+ \times \Omega$.

Ce chapitre est essentiellement consacré à la démonstration des deux théorèmes suivants (établis respectivement aux paragraphes 3 et 4) :

1) Un ensemble aléatoire mesurable H contient un parfait aléatoire mesurable P tel que $P(\omega)$ ne soit pas vide si $H(\omega)$ est non-dénombrable.

2) Un ensemble aléatoire bien-mesurable H tel que $H(\omega)$ soit dénombrable pour tout ω est la réunion d'une suite de graphes de temps d'arrêt.

Les démonstrations se feront en deux étapes. D'abord nous établirons ces deux théorèmes dans le cas particulier des fermés aléatoires, ce qui nous amène à étudier ceux-ci au paragraphe 1. Ensuite, nous traiterons le cas général en approchant convenablement les enembles aléatoires par des fermés aléatoires : ici interviendra le théorème d'approximation établi au paragraphe 1 du chapitre II et le paragraphe 2 est consacré à la préparation technique nécessaire pour pouvoir appliquer ce théorème. Enfin, au paragraphe 5, nous établissons l'existence de processus croissants continus satisfaisant à certaines conditions de support.

1. Ensembles fermés aléatoires

1 Nous allons d'abord rappeler quelques définitions de nature topologique sur $\mathbb{R}$ (ou $\mathbb{R}_+$) et les adapter aux ensembles aléatoires. Soit F un fermé de $\mathbb{R}$; son complémentaire est la réunion dénombrable de ses composantes connexes et celles-ci, qui sont des intervalles ouverts, sont appelées les *intervalles contigus* à F. Lorsque F est *parfait* (i.e. n'a pas

de points isolés), deux intervalles contigus distincts n'ont pas d'extrémité commune, et cette propriété caractérise les ensembles parfaits
parmi les ensembles fermés. Nous considérerons aussi sur $\mathbb{R}$ (ou $\mathbb{R}_+$)
la *topologie droite* (resp *gauche*) dont une base est constituée par les intervalles de la forme $[s, t[$ (resp $]s, t]$); nous dirons qu'un ensemble est
fermé ou ouvert à droite (resp à gauche) s'il est fermé ou ouvert pour la
topologie droite (resp gauche): on notera, qu'avec cette terminologie, un
intervalle de la forme $[s, t[$ est fermé à droite.

Soit maintenant F une partie de $\mathbb{R}_+ \times \Omega$. Nous dirons que F est un
fermé aléatoire si, pour tout $\omega \in \Omega$, la coupe $F(\omega)$ est fermée dans $\mathbb{R}_+$;
nous dirons plus brièvement que F est fermé s'il n'y a pas d'ambiguïté:
c'est en fait un fermé pour la topologie produit sur $\mathbb{R}_+ \times \Omega$ lorsque Ω
est muni de la topologie discrète. On définirait de même les notions de
compact, parfait, ouvert … aléatoire. Pour une partie quelconque H
de $\mathbb{R}_+ \times \Omega$, on définit de manière évidente l'adhérence $\overline{H}$ et l'intérieur
$\overset{\circ}{H}$ de H. Enfin, nous adoptons une terminologie analogue pour les topo-
logies droite et gauche: l'adhérence à droite de H est notée $\overline{H}^d$, celle à
gauche $\overline{H}^g$.

Soit F un fermé aléatoire. Pour tout $\varepsilon > 0$ et tout $\omega \in \Omega$, nous
désignerons par $]S_n^\varepsilon(\omega), T_n^\varepsilon(\omega)[$ le n-ième intervalle contigu à $F(\omega)$ dont
la longueur dépasse strictement ε. Si cet intervalle n'existe pas, nous
poserons $S_n^\varepsilon(\omega) = T_n^\varepsilon(\omega) = +\infty$. Enfin, nous désignerons par $]\!]S_n^\varepsilon, T_n^\varepsilon[\![$
la partie de $\mathbb{R}_+ \times \Omega$ dont la coupe suivant tout ω est égale à $]S_n^\varepsilon(\omega), T_n^\varepsilon(\omega)[$
et nous dirons que $]\!]S_n^\varepsilon, T_n^\varepsilon[\![$ est le *n-ième intervalle contigu à F dont la
longueur dépasse strictement ε*. Même lorsque F est bien-mesurable, cet
ensemble n'est pas en général un intervalle stochastique (suivant la terminologie adoptée au chapitre III) car S_n^ε peut ne pas être un t.d'a. de
la famille $(\mathscr{F}_t)$.

T2   *Théorème.* — *Soit H une partie progressive de $\mathbb{R}_+ \times \Omega$.*

a) *Pour tout $\varepsilon > 0$, soit $]\!]S_n^\varepsilon, T_n^\varepsilon[\![$ le n-ième intervalle contigu à l'adhérence $\overline{H}$ de H dont la longueur dépasse strictement ε. Les fonctions $S_n^\varepsilon + \varepsilon$
et T_n^ε sont des temps d'arrêt.*

b) *L'adhérence $\overline{H}$ de H est bien-mesurable, ainsi que l'ensemble D des
extrémités droites des intervalles contigus à $\overline{H}$.*

c) *L'adhérence à gauche $\overline{H}^g$ de H est bien-mesurable et l'ensemble $\overline{H}^g - D$
est prévisible.*

d) *L'adhérence à droite $\overline{H}^d$ de H est progressive, ainsi que l'ensemble G
des extrémités gauches des intervalles contigus à $\overline{H}$.*

Démonstration.— Le nombre $\varepsilon > 0$ étant choisi, posons, pour tout rationnel $r > 0$ et tout entier n,

$$A_{r,n} = \left\{\omega: H(\omega) \cap \left[r, r + \varepsilon + \frac{1}{n}\right] = \emptyset\right\}.$$

Comme H est progressif, cet ensemble appartient à la tribu $\mathscr{F}_{r+\varepsilon+\frac{1}{n}}$. Pour r fixé, la suite $(A_{r,n})$ croît avec n, et donc l'ensemble $A_r = \bigcup_n A_{r,n}$ appartient à $\mathscr{F}_{r+\varepsilon}$. Il en résulte que l'ensemble $A = \bigcup_r (\{r\} \times A_r)$ est une partie progressive de $\mathbb{R}_+ \times \Omega$ *relativement à la famille de tribus* $(\mathscr{F}_{t+\varepsilon})_{t\in\mathbb{R}_+}$. Comme S_1^ε est égal au début de l'ensemble A, S_1^ε est un temps d'arrêt de la famille $(\mathscr{F}_{t+\varepsilon})$, et donc $S_1^\varepsilon + \varepsilon$ est un temps d'arrêt de la famille $(\mathscr{F}_t)$. Mais alors T_1^ε, qui est le début de l'ensemble progressif $H \cap]S_1^\varepsilon + \varepsilon, +\infty[$, est aussi un temps d'arrêt de la famille $(\mathscr{F}_t)$. En appliquant ce raisonnement à l'ensemble progressif $H \cup]S_1^\varepsilon + \varepsilon, T_1^\varepsilon[$, on montre de même que $S_2^\varepsilon + \varepsilon$ et T_2^ε sont des temps d'arrêt, et, en réitérant ce procédé, on montre que $S_n^\varepsilon + \varepsilon$ et T_n^ε sont des temps d'arrêt pour tout entier n. Soit T le début de l'ensemble progressif H; on a les égalités suivantes, où n parcourt les entiers et ε les rationnels > 0,

$$D = \bigcup_{n,\varepsilon} [\![T_n^\varepsilon]\!], \quad \overline{H} = [\![T, +\infty[\![\cap \left(\bigcup_{n,\varepsilon}]\!] S_n^\varepsilon + \varepsilon, T_n^\varepsilon [\![\right)^c,$$

$$\overline{H}^g - D = ([\![0]\!] \cap H) \cup \left(]\!]T, +\infty[\![\cap \left(\bigcup_{n,\varepsilon}]\!] S_n^\varepsilon + \varepsilon, T_n^\varepsilon]\!]\right)^c\right),$$

$$\overline{H}^g = (\overline{H}^g - D) \cup (H \cap D).$$

Par conséquent, D et $\overline{H}$ sont bien-mesurables, $\overline{H}^g - D$ est prévisible et $\overline{H}^g$ est bien-mesurable (car l'ensemble $H \cap D$ est une réunion dénombrable de graphes de t.d'a.). D'autre part, on a l'égalité $\overline{H}^d = \overline{H} - (G - H)$. Pour achever la démonstration, il ne reste plus qu'à démontrer que G est progressif. Or l'ensemble G est égal à la réunion dénombrable des graphes des v.a. S_n^ε quand n parcourt les entiers et ε parcourt les rationnels > 0 inférieurs à $1/k$, k entier donné: comme S_n^ε est un t.d'a. de la famille $(\mathscr{F}_{t+\varepsilon})$, et donc de $\left(\mathscr{F}_{t+\frac{1}{k}}\right)$ pour $\varepsilon < 1/k$, l'ensemble G est bien-mesurable *relativement à la famille* $\left(\mathscr{F}_{t+\frac{1}{k}}\right)$. On pourrait penser faire tendre k vers $+\infty$, mais le fait d'être bien-mesurable ne passe pas à la limite. Cependant G est progressif relativement à la famille $\left(\mathscr{F}_{t+\frac{1}{k}}\right)$, pour tout k, et le fait d'être progressif passe à la limite. En effet, pour tout $t > 0$, l'ensemble $G \cap ([0, t[\times \Omega)$ appartient à la tribu $\mathscr{B}([0, t[) \overset{\wedge}{\otimes} \mathscr{F}_t$, car

$G \cap \left(\left[0, t - \dfrac{1}{k} \right] \times \Omega \right)$ appartient à cette tribu pour tout entier $k > 1/t$, et l'ensemble $G \cap [\![t]\!]$ appartient également à cette tribu: c'est le graphe d'un t.d'a. de $\left(\mathscr{F}_{t + \frac{1}{k}} \right)$ pour chaque k et donc d'un t.d'a. de $(\mathscr{F}_t)$. ☐

Voici comme corollaire le résultat que nous avons utilisé dans la démonstration de IV-T24.

T3 *Théorème.— Soit $X = (X_t)$ un processus progressif borné. Posons $\overline{X}_0 = \underline{X}_0 = X_0$ et, pour tout $t > 0$,*

$$\overline{X}_t = \limsup_{\substack{s < t \\ s \to t}} X_s, \quad \underline{X}_t = \liminf_{\substack{s < t \\ s \to t}} X_s.$$

Les fonctions $\overline{X} = (\overline{X}_t)$ et $\underline{X} = (\underline{X}_t)$ ainsi définies sont des processus prévisibles.

Démonstration.— Comme on a $\underline{X} = -(\overline{-X})$, il suffit de montrer que $\overline{X}$ est prévisible. Nous devons vérifier que, pour tout réel a, l'ensemble $\{\overline{X} > a\}$ est prévisible. Or, si pour a fixé, on pose $H = \{X > a\}$, cet ensemble est progressif, et l'on a, en gardant les notations du théorème précédent, $\{\overline{X} > a\} = \overline{H}^g - D \colon \{\overline{X} > a\}$ est donc prévisible. ☐

Le corollaire suivant sera souvent utilisé par la suite

T4 *Théorème.— Soit (T_n) une suite de temps d'arrêt. L'adhérence de $\bigcup_n [\![T_n]\!]$ est un ensemble bien-mesurable.*

Il résulte de ce corollaire qu'un fermé aléatoire F qui est indistinguable d'un ensemble progressif est bien-mesurable: en effet, si pour tout rationnel $r \geq 0$ on désigne par T_r le début de $F \cap [\![r, +\infty[\![$, T_r est un temps d'arrêt, et F, qui est égal à l'adhérence de $\bigcup_r [\![T_r]\!]$, est alors bien-mesurable.

Remarque.— Nous sommes maintenant en mesure de donner un exemple d'ensemble progressif qui ne soit pas bien-mesurable. Nous supposerons le lecteur familier avec la théorie des processus de Markov, et nous nous contenterons d'esquisser cet exemple. Soit (X_t) un mouvement brownien à une dimension issu de l'origine et soit

$$H = \{(t, \omega) \colon X_t(\omega) = 0\} \colon$$

on sait que cet ensemble est un fermé bien-mesurable. L'ensemble G des extrémités gauches des intervalles contigus à H est progressif et sa projection sur Ω est p.s. égale à Ω. Cependant, il résulte de la propriété de Markov forte que G ne contient pas de graphe de temps d'arrêt: G ne peut donc être bien-mesurable d'après le théorème de section.

Noyau parfait d'un fermé aléatoire

5 On sait que tout fermé de $\mathbb{R}$ se décompose d'une manière unique en un ensemble dénombrable et un ensemble parfait appelé noyau parfait du fermé. Soit maintenant F un fermé aléatoire: on définit de manière évidente le *noyau parfait* N de F. Supposons F bien-mesurable: nous allons montrer que N est alors bien-mesurable et que l'ensemble $F - N$ est une réunion dénombrable de graphes de temps d'arrêt. Nous allons pour cela définir la suite transfinie des dérivés successifs de F suivant le schéma de Cantor. Désignons par I l'ensemble des ordinaux dénombrables, et définissons par récurrence transfinie la suite $(F_i)_{i \in I}$ associée à un fermé aléatoire F de la manière suivante

$$F_0 = F,$$

si F_i est défini, F_{i+1} est la partie de $\mathbb{R}_+ \times \Omega$ dont les coupes sont constituées par les points non isolés des coupes correspondantes de F_i,

si i est un ordinal limite, et si F_j est défini pour $j < i$, alors $F_i = \bigcap_{j<i} F_j$. Pour $i = 1$, l'ensemble F_1, noté encore F', sera appelé le *dérivé de* F. La famille (F_i) est alors la *suite transfinie des dérivés successifs de* F. Il est clair que, pour chaque $i \in I$, F_i est un fermé aléatoire.

Posons d'autre part, pour tout rationnel positif r,

$$T_r(\omega) = \inf \{t > r : [r, t] \cap F(\omega) \text{ comporte une infinité de points}\}.$$

Il est clair que le dérivé F' de F est égal à l'adhérence des la réunion des graphes des T_r. Le théorème suivant est alors une conséquence immédiate de T2 et de la mesurabilité des ∞-débuts (cf III-T25):

T6 *Théorème.— Soit F un fermé aléatoire bien-mesurable. Pour tout rationnel r, la fonction T_r définie par*

$T_r(\omega) = \inf \{t > r : [r, t] \cap F(\omega)$ comporte une infinité de points$\}$ *est un temps d'arrêt, et le dérivé F' de F, égal à l'adhérence de $\bigcup_r [\![T_r]\!]$, est un fermé aléatoire bien-mesurable.*

Les dérivés successifs du fermé aléatoire bien-mesurable F sont alors des fermés aléatoires bien-mesurables. Nous allons montrer maintenant que l'ensemble $F_i - F_{i+1}$ est évanescent pour i suffisamment grand.

T7 *Théorème.— Soit F un fermé aléatoire bien-mesurable, et soit (F_i) la suite transfinie des dérivés successifs de F. Il existe un ordinal dénombrable k tel que F_i soit indistinguable de F_k pour tout $i > k$.*

Démonstration.— Pour tout $i \in I$ et tout rationnel positif r, posons

$$T_r^i(\omega) = \inf \{t > r : [r, t] \cap F_i(\omega) \text{ comporte une infinité de points}\}$$

Comme la suite transfinie (F_i) est décroissante, pour r fixé la suite transfinie de t.d'a. (T_r^i) est croissante. Soit (r_n) une énumération des rationnels
positifs et définissons une fonction h sur I de la manière suivante:

$$h(i) = \sum_{m,n} 2^{-n} \cdot m^{-3} \cdot E(T_{r_n}^i \wedge m).$$

Comme h est une fonction croissante sur I, on sait qu'il existe un ordinal
dénombrable k tel que l'on ait $h(i) = h(k)$ pour tout $i \geq k$: par conséquent, on a p.s. $T_r^i = T_r^k$ pour tout $i \geq k$ et tout r. Comme l'adhérence
de $\bigcup_r [\![T_r^i]\!]$ est égale à F_{i+1}, on en conclut que F_i est indistinguable de
F_{k+1} pour tout $i > k$.   ☐

Nous pouvons maintenant préciser la structure du noyau parfait N
de F et de l'ensemble $F - N$.

T8 *Théorème.— Soit F un fermé aléatoire bien-mesurable. Le noyau
parfait N de F est bien-mesurable.*

Démonstration.— Soit k un ordinal dénombrable tel que F_i soit
indistinguable de F_k pour tout $i \geq k$ et soit $L = \{\omega: F_k(\omega) \neq F_{k+1}(\omega)\}$.
L'ensemble L est négligeable et il résulte de la définition des F_i qu'on a
$F_i(\omega) = F_k(\omega)$ pour tout $\omega \notin L$ et tout $i \geq k$. Or, pour chaque ω, le
noyau parfait $N(\omega)$ de $F(\omega)$ est égal à $\bigcap_{i \in I} F_i(\omega)$: N est donc indistinguable
de F_k. Comme N est un fermé aléatoire et F_k est bien-mesurable, N est
aussi bien-mesurable.   ☐

T9 *Théorème.— Soit F un fermé aléatoire bien-mesurable, et soit N son
noyau parfait. L'ensemble $(F - N)$ est la réunion d'une suite de graphes de
temps d'arrêt.*

Démonstration.— Soit k un ordinal dénombrable tel que N soit indistinguable de F_k. Alors $(F - N)$ est indistinguable de l'ensemble
$\sum_{i \leq k} (F_i - F_{i+1})$. D'autre-part, les coupes de $(F - N)$ suivant tout ω
sont dénombrables: d'après IV-T17, il nous suffit de démontrer que,
pour chaque i, l'ensemble $(F_i - F_{i+1})$ est contenu dans une réunion
dénombrable de graphes de t.d'a. Or, par définition de F_{i+1}, tous les
points des coupes $(F_i - F_{i+1})(\omega)$ sont isolés. Pour chaque rationnel
positif r, désignons par S_r^i le début de l'ensemble bien-mesurable
$(F_i - F_{i+1}) \cap [\![r, +\infty [\![$: il est clair que $(F_i - F_{i+1})$ est contenu dans
$\bigcup_r [\![S_r^i]\!]$.   ☐

Lorsque les coupes de F sont dénombrables, le noyau parfait N est vide
(car tout parfait non vide de $\mathbb{R}$ a la puissance du continu). On a donc
comme corollaire

T10 *Théorème.— Un fermé aléatoire bien-mesurable dont les coupes dans $\mathbb{R}_+$ sont dénombrables est égal à une réunion dénombrable de graphes de temps d'arrêt.*

T11 *Théorème.— Soit F un fermé aléatoire bien-mesurable, de noyau parfait N, et soit (H_α) une famille quelconque de parties mesurables disjointes de $\mathbb{R}_+ \times \Omega$ contenues dans F. L'ensemble des indices α tels que $(H_\alpha - N)$ ne soit pas évanescent est dénombrable.*

Démonstration.— Soit (T_n) une suite de temps d'arrêt telle que l'on ait $(F - N) = \bigcup_n [\![T_n]\!]$ et définissons une mesure bornée μ sur $\mathbb{R}_+ \times \Omega$ en posant, pour tout processus mesurable positif $X = (X_t)$,

$$\mu(X) = \sum_n 2^{-n} \cdot E[X_{T_n} \cdot I_{\{T_n < +\infty\}}].$$

Si H est un ensemble mesurable contenu dans $(F - N)$, on a $\mu(H) = 0$ si et seulement si H est évanescent. D'autre part, comme la mesure μ est bornée, l'ensemble $\{\alpha : \mu(H_\alpha - N) > 0\}$ est dénombrable. Par conséquent, l'ensemble des α tels que $H_\alpha - N$ ne soit pas évanescent est dénombrable. ☐

Nous allons étendre ces théorèmes aux ensembles bien-mesurables non nécessairement fermés à l'aide du théorème d'approximation par en dessous démontré au paragraphe 1 du chapitre II. On pourrait déduire ces extensions des théorèmes généraux établis au paragraphe 3 de ce même chapitre (cf II-27), mais nous allons exposer une autre méthode d'approche qui utilisera la structure produit de $\mathbb{R}_+ \times \Omega$.

2. Construction de capacitances scissipares

12 Nous allons d'abord rappeler quelques définitions, tout en réintroduisant les notations du chapitre II. Nous désignerons par E l'ensemble $\mathbb{R}_+ \times \Omega$ et par $\mathscr{E}$ le pavage sur E constitué par les compacts aléatoires mesurables : $\mathscr{E}$ est stable pour $(\cup f, \cap d)$, et la mosaïque $\overset{\wedge}{\mathscr{E}}$ engendrée par $\mathscr{E}$ est égale à la tribu produit $\mathscr{B}(\mathbb{R}_+) \overset{\wedge}{\otimes} \Omega$. Soit $\mathscr{C}$ une capacitance sur E, i.e. un ensemble de parties de E satisfaisant aux conditions suivantes :

(i) Si A appartient à $\mathscr{C}$ et B contient A, alors B appartient à $\mathscr{C}$,

(ii) si (A_n) est une suite croissante de parties de E telles que $\bigcup_n A_n$ appartienne à $\mathscr{C}$, il existe un entier k tel que A_k appartient à $\mathscr{C}$.

La capacitance $\mathscr{C}$ (différente de $\mathfrak{P}(E)$) étant donnée, nous associons à toute partie A de E la famille $\mathscr{S}(A)$ des v.a. positives telles que l'ensemble[1] $A \cap [\![0, S[\![$ n'appartienne pas à $\mathscr{C}$. Nous laissons au lecteur le soin de vérifier les assertions suivantes :

a) Soient U et V deux v.a. positives. Si on a $U \leq V$ et si V appartient à $\mathscr{S}(A)$ alors U appartient à $\mathscr{S}(A)$.

b) Si (S_n) est une suite croissante d'éléments de $\mathscr{S}(A)$, $S = \lim S_n$ appartient à $\mathscr{S}(A)$.

c) Soient A et B deux parties de E. Si A contient B, $\mathscr{S}(A)$ est contenue dans $\mathscr{S}(B)$.

d) Soit (A_n) une suite croissante de parties de E. On a

$$\mathscr{S}\Big(\bigcup_n A_n\Big) = \bigcap_n \mathscr{S}(A_n).$$

Nous ferons désormais l'hypothèse supplémentaire suivante sur la capacitance $\mathscr{C}$, qui assure que la famille $\mathscr{S}(A)$ associée à la partie A de E est stable pour les enveloppes supérieures finies :

(iii) Si deux parties A et B n'appartiennent pas à la capacitance $\mathscr{C}$, leur réunion $A \cup B$ n'appartient pas à $\mathscr{C}$.

Etant donnée la propriété b), cela assure que $\mathscr{S}(A)$ contient un représentant de ess. sup. $\mathscr{S}(A)$: un tel représentant S sera appelé un $\mathscr{C}$-début de A. Dans tout ce paragraphe, nous désignerons par $S(A)$ un $\mathscr{C}$-début de la partie A de E. Lorsque A est une partie mesurable, $S(A)$ majore (p.s.) le début habituel D_A.

Le théorème suivant résulte des propriétés c) et d).

T13 *Théorème.— Pour tout $\varepsilon > 0$, désignons par $\mathscr{C}_\varepsilon$ l'ensembles des parties A de E telles que l'on ait*

$$P\{S(A) < +\infty\} > \varepsilon.$$

L'ensemble $\mathscr{C}_\varepsilon$ est une capacitance sur E.

Voici quelques exemples de capacitances vérifiant 12-(iii).

14 *Exemples.—* 1) La capacitance $\mathscr{C}^o$ constituée par les parties non vides de E.

2) La capacitance $\mathscr{C}^g$ constituée par les parties de E qui ne sont contenues dans aucune réunion dénombrable de graphes de v.a. positives.

3) La capacitance $\mathscr{C}^d$ constitué par les parties de E ayant au moins une coupe dans $\mathbb{R}_+$ comportant une infinité non dénombrable de points.

---

[1] Dans ce chapitre, nous nous permettrons d'écrire des intervalles stochastiques dont les extrémités sont des v.a. positives, ces dernières étant les t.d'a. de la famille $(\mathscr{F}_t)$ où l'on a $\mathscr{F}_t = \mathscr{F}$ pour tout t. D'une manière générale, les théorèmes seront démontrés d'abord pour les parties mesurables de $\mathbb{R}_+ \times \Omega$, qui sont les parties bien-mesurables relativement à la famille $(\mathscr{F}_t)$ constante et égale à $\mathscr{F}$, puis étendus aux parties bien-mesurables relativement à une famille $(\mathscr{F}_t)$ vérifiant les conditions habituelles.

On a évidemment $\mathcal{C}^o \supset \mathcal{C}^g \supset \mathcal{C}^d$, ce qui entraine des inégalités analogues pour les différents débuts. On remarquera que le $\mathcal{C}^o$-début d'une partie mesurable n'est autre que son début habituel.

15 Nous allons faire une dernière hypothèse sur la capacitance $\mathcal{C}$, hypothèse qui assurera que les capacitances $\mathcal{C}_\varepsilon$ de T12 sont scissipares. Rappelons que cela signifie qu'à tout élément A de $\mathcal{C}_\varepsilon$ on peut associer deux éléments $\Phi_0(A)$ et $\Phi_1(A)$ disjoints du pavage $\mathcal{E}$ tels que les ensembles $A \cap \Phi_0(A)$ et $A \cap \Phi_1(A)$ appartiennent à $\mathcal{C}_\varepsilon$. Voici cette hypothèse.

(iv) La capacitance $\mathcal{C}$ ne contient aucun graphe de v.a. positive.

Reprenons les exemples du no 14: la capacitance $\mathcal{C}^o$ ne vérifie pas cette propriété tandis que les capacitances $\mathcal{C}^g$ et $\mathcal{C}^d$ la vérifient ($\mathcal{C}^g$ est d'ailleurs la plus grande capacitance vérifiant (iv)).

T16 *Théorème.— Pour tout $\varepsilon > 0$, la capacitance $\mathcal{C}_\varepsilon$ est scissipare.*

Démonstration.— Soit A un élément de $\mathcal{C}_\varepsilon$. Comme $\mathcal{C}$ vérifie (iii) et (iv), une v.a. positive S appartient à $\mathcal{S}(A)$ si et seulement si $A \cap [\![0, S]\!]$ n'appartient pas à $\mathcal{C}$. Soit $B = A \cap]\!]S(A), +\infty[\![$; on a $S(B) \geqq S(A)$ et

$$A \cap [\![0, S(B)]\!] = (B \cap [\![0, S(B)]\!]) \cup (A \cap [\![0, S(A)]\!]).$$

Donc, $S(B)$ est égal à $S(A)$ et B appartient à $\mathcal{C}_\varepsilon$. Comme on a

$$B = \bigcup_n \left(A \cap [\![S(A) + \frac{1}{n}, +\infty[\![\right),$$

il existe un entier k tel que l'ensemble $A \cap [\![S(A) + \frac{1}{k}, +\infty[\![$ appartienne à $\mathcal{C}_\varepsilon$. Cet entier k étant fixé, posons

$$Q_0(A) = [\![S(A) + \frac{1}{k}, +\infty[\![, \quad Q_1(A) = [\![0, S(A) + \frac{1}{k+1}]\!].$$

Les ensembles $Q_0(A)$ et $Q_1(A)$ sont des fermés aléatoires mesurables disjoints. L'ensemble $A \cap Q_0(A)$ appartient à $\mathcal{C}_\varepsilon$ par construction. D'autre part, pour tout $n \geqq k + 1$, on a

$$A \cap [\![0, S(A) + \frac{1}{n}]\!] = A \cap Q_1(A) \cap [\![0, S(A) + \frac{1}{n}]\!]$$

donc le $\mathcal{C}$-début de $A \cap Q_1(A)$ est égal à $S(A)$, et $A \cap Q_1(A)$ appartient aussi à $\mathcal{C}_\varepsilon$. Pour achever la démonstration, il ne reste plus qu'à poser

$$\Phi_0(A) = Q_0(A) \cap [\![0, n]\!], \quad \Phi_1(A) = Q_1(A) \cap [\![0, n]\!],$$

où n est un entier suffisamment grand pour que $A \cap \Phi_0(A)$ et $A \cap \Phi_1(A)$ appartiennent à la capacitance $\mathcal{C}_\varepsilon$. $\quad\square$

Nous pouvons maintenant appliquer le théorème d'approximation par en dessous II-T3 aux capacitances scissipares $\mathscr{C}_\varepsilon$:

T17   *Théorème.*— *Soit A une partie mesurable de* $\mathbb{R}_+\times\Omega$, *et soit* $S(A)$ *le* $\mathscr{C}$-*début de A. Pour tout* $\varepsilon < P\{S(A) < +\infty\}$, *il existe un parfait aléatoire mesurable contenu dans A dont la projection sur* Ω *a une probabilité au moins égale à* ε.

Démonstration.— Le nombre ε, que l'on peut supposer > 0, étant donné, l'ensemble A appartient à la capacitance scissipare $\mathscr{C}_\varepsilon$. En vertu de II-T3, dont nous reprenons les notations, il existe une famille non dénombrable (K_i) de compacts aléatoires mesurables disjoints satisfaisant aux deux conditions suivantes: a) pour chaque i, K_i est l'intersection d'une suite décroissante $(K_{i,n})$ de compacts aléatoires mesurables appartenant à $\mathscr{C}_\varepsilon$; b) l'ensemble $K = \bigcup_i K_i$ est un compact aléatoire mesurable contenu dans A. Désignons par π la projection de $\mathbb{R}_+\times\Omega$ sur Ω. Comme les $\mathscr{C}$-débuts majorent les débuts habituels, on a $P[\pi(K_{i,n})] > \varepsilon$ pour tout i et tout n, et comme les coupes des ensembles $K_{i,n}$ sont compactes, on a $\pi(K_i) = \bigcap_n \pi(K_{i,n})$: on a donc $P[\pi(K_i)] \geqq \varepsilon$ pour tout i. Mais l'ensemble des indices i est non dénombrable; il résulte alors de T11 que le noyau parfait du fermé aléatoire mesurable K satisfait aux conditions du théorème.   □

18   *Remarque.*— Au lieu de considérer le pavage constitué par les compacts aléatoires mesurables, prenons le pavage constitué par les compacts aléatoires *bien-mesurables*: la mosaïque engendrée par ce pavage contient la tribu des ensembles accessibles d'après IV-T6. D'autre part, modifions la définition des $\mathscr{C}$-débuts en désignant par $\mathscr{S}(A)$ l'ensemble des *temps d'arrêt* S tels que $A \cap [\![0, S[\![$ n'appartienne pas à la capacitance $\mathscr{C}$. On démontre alors comme en T16 que les capacitances $\mathscr{C}_\varepsilon$ sont scissipares, et on obtient ainsi un raffinement du théorème T17: soit A une partie *accessible* de $\mathbb{R}_+\times\Omega$ et soit $S(A)$ le $\mathscr{C}$-début de A. Pour tout $\varepsilon < P\{S(A) < +\infty\}$, il existe un parfait aléatoire *bien-mesurable* contenu dans A dont la projection sur Ω a une probabilité au moins égale à ε.

3. Temps de pénétration

Nous allons appliquer les résultats du paragraphe précédent à la capacitance $\mathscr{C}^d$ sur $\mathbb{R}_+\times\Omega$ constituée par les ensembles ayant au moins une coupe non-dénombrable.

19   Soit H une partie de $\mathbb{R}_+\times\Omega$. Nous désignerons par $\pi(H)$ la projection de H sur Ω:

$$\pi(H) = \{\omega: H(\omega) \text{ est non vide}\}$$

et par $\varrho(H)$ la *projection essentielle* de H sur Ω définie par

$$\varrho(H) = \{\omega : H(\omega) \text{ est non dénombrable}\}.$$

Lorsque H est un fermé aléatoire, la projection essentielle de H est égale à la projection de son noyau parfait : si H est mesurable, ce noyau est mesurable d'après T11 et donc $\varrho(H)$ appartient à la tribu $\mathscr{F}$. Plus généralement, on a

T20 *Théorème.— Soit H une partie mesurable de $\mathbb{R}_+ \times \Omega$. Sa projection essentielle $\varrho(H)$ appartient à la tribu $\mathscr{F}$.*

Démonstration.— Soit T le $\mathscr{C}^d$-début de H : l'ensemble $\{T < +\infty\}$ est, à l'égalité p.s. près, le plus petit ensemble de $\mathscr{F}$ contenant $\varrho(H)$. En effet, d'une part $H \cap [\![0, T[\![$ a toutes ses coupes dénombrables, et donc $\varrho(H)$ est contenu dans $\{T < +\infty\}$; d'autre part, si $A \in \mathscr{F}$ contient $\varrho(H)$, la restriction de T à A appartient à $\mathscr{S}(H)$ et donc A contient $\{T < +\infty\}$. Par conséquent, on a $P\{T < +\infty\} = P^*[\varrho(H)]$. Mais il résulte de T17 que, pour tout $\varepsilon < P^*[\varrho(H)]$, il existe un parfait aléatoire mesurable F_ε tel que $\varrho(F_\varepsilon)$, égal à $\pi(F_\varepsilon)$, ait une probabilité $\geqq \varepsilon$. Comme la tribu $\mathscr{F}$ est complète, cela entraine que $\varrho(H)$ appartient à $\mathscr{F}$. $\square$

Nous allons définir maintenant une notion de début rattachée aux coupes non-dénombrables.

D21 *Définition.— Soit H une partie de $\mathbb{R}_+ \times \Omega$. On appelle* temps de pénétration *dans H la fonction T définie par*

$$T(\omega) = \inf \{t : [0, t] \cap H(\omega) \text{ est non-dénombrable}\}.$$

On a alors un théorème de mesurabilité des temps de pénétration.

T22 *Théorème.— Soit H un ensemble progressif. Le temps de pénétration T dans H est un temps d'arrêt.*

Démonstration.— L'ensemble $\{T < t\}$ est égal, pour tout t, à la projection essentielle de $H^t = H \cap [\![0, t[\![$. Comme H est progressif, H^t appartient à la tribu $\mathscr{B}([0, t]) \overset{\wedge}{\otimes} \mathscr{F}_t$: donc $\{T < t\}$ appartient à $\mathscr{F}_t$ d'après T20 appliqué à la tribu $\mathscr{F} = \mathscr{F}_t$. $\square$

Le temps de pénétration T dans l'ensemble progressif H est donc un $\mathscr{C}^d$-début de H.

23 Nous dirons qu'une partie de $\mathbb{R}_+ \times \Omega$ est *mince* si sa projection essentielle est vide, i.e. si son temps de pénétration est infini. Etant donnée une partie H de $\mathbb{R}_+ \times \Omega$, nous appellerons *partie épaisse* de H l'ensemble dont la coupe suivant chaque $\omega \in \Omega$ est égal à l'ensemble des points de condensation de $H(\omega)$, et *partie mince* de H la différence entre H et sa partie épaisse (cf II-2 exemple 2). Il est clair que la partie mince de H est mince. D'autre part, le temps de pénétration dans H est égal au début (habituel) de la partie épaisse de H. Lorsque H est un fermé aléatoire, sa partie épaisse est égale à son noyau parfait.

T24 *Théorème.— Soit H un ensemble progressif (resp bien-mesurable). Les parties épaisse et mince de H sont des ensembles progressifs (resp bien-mesurables).*

Démonstration.— Pour tout rationnel positif r, soit T_r le temps de pénétration dans $H \cap [\![r, +\infty [\![$. L'adhérence F de $\bigcup_r [\![T_r]\!]$ est un parfait aléatoire, bien-mesurable d'après T4. Le théorème résulte alors du fait que la partie épaisse (resp mince) de H est égale à

$$H \cap F \quad (\text{resp } H - (H \cap F)). \quad \square$$

Nous verrons au paragraphe suivant que tout ensemble mince bien-mesurable est la réunion d'une suite de graphes de temps d'arrêt. Nous terminerons ce paragraphe par une version du théorème T17 pour la capacitance $\mathscr{C}^d$: c'est une extension aux ensembles aléatoires du théorème de Alexandrov-Hausdorff établi en II-T4.

T25 *Théorème.— Soit H une partie mesurable de $\mathbb{R}_+ \times \Omega$. Il existe un parfait aléatoire mesurable K contenu dans H tel que la projection essentielle de H soit égale à la projection de K.*

Démonstration.— Posons $H = H_1$, et soit K_1 un parfait aléatoire mesurable contenu dans H_1 tel que l'on ait $P[\pi(K_1) \geqq P[\varrho(H_1)]/2$: un tel parfait existe d'après T17. Soit $H_2 = H_1 - (\mathbb{R}_+ \times \pi(K_1))$. On détermine de même un parfait aléatoire mesurable K_2 contenu dans H_2 tel que l'on ait $P[\pi(K_2)] \geqq P[\varrho(H_2)]/2$. Par récurrence, on construit ainsi une suite (K_n) de parfaits aléatoires mesurables contenus dans H, dont les projections sont disjointes, et telle que

$$\sum_1^k P[\pi(K_n)] \geqq (1 - 2^{-k}) \cdot P[\varrho(H)].$$

L'ensemble $K = \cup K_n$ est alors un parfait aléatoire contenu dans H tel que $\pi(K)$ soit p.s. égal à $\varrho(H)$. Pour avoir une égalité certaine, il suffit d'adjoindre à K des ensembles de la forme $L \times \{\omega\}$ où ω parcourt l'ensemble négligeable $\varrho(H) - \pi(K)$ et L est un parfait contenu dans le borélien non-dénombrable $H(\omega)$: l'ensemble ainsi obtenu est un parfait aléatoire indistinguable d'un ensemble mesurable, et donc mesurable. $\square$

26 *Remarque.—* En utilisant la remarque 18, on obtient la version suivante: si H est un ensemble *accessible*, pour tout $\varepsilon > 0$, il existe un parfait aléatoire *bien-mesurable* K_ε contenu dans H tel que l'on ait

$$P[\varrho(H)] \leqq P[\pi(K_\varepsilon)] + \varepsilon.$$

Comme pour les théorèmes de section, on ne peut en général avoir ce résultat pour $\varepsilon = 0$.

4. Étude des ensembles minces

Nous allons appliquer les résultats du paragraphe 2 à la capacitance $\mathscr{C}^g$ constituée par les parties de $\mathbb{R}_+ \times \Omega$ qui ne sont contenues dans aucune réunion dénombrables de graphes de v.a. positives.

Dans ce chapitre, nous avons appelé *ensemble mince* une partie de $\mathbb{R}_+ \times \Omega$ dont les coupes sont dénombrables. Le théorème suivant, qui sera précisé à la fin de ce paragraphe, montre que cette terminologie coïncide avec celle adoptée en II-27, pour les parties mesurables de $\mathbb{R}_+ \times \Omega$.

T27 *Théorème.— Toute partie mince mesurable de $\mathbb{R}_+ \times \Omega$ est la réunion d'une suite de graphes de variables aléatoires positives.*

Démonstration.— Soit H un ensemble mince mesurable. D'après IV-T17 (appliqué à la famille $(\mathscr{F}_t)$ constante égale à $\mathscr{F}$), il suffit de montrer que H est indistinguable d'une partie mesurable contenue dans une réunion dénombrable de graphes, ce qui est certainement le cas si le $\mathscr{C}^g$-début de H est p.s. égal à $+\infty$. Or, si le $\mathscr{C}^g$-début de H n'est pas p.s. infini, il résulte de T17 appliqué à la capacitance $\mathscr{C}^g$ que H contient un parfait aléatoire non évanescent: comme les coupes de H sont dénombrables, cela est impossible. ▯

La décomposition d'un ensemble en partie épaisse et partie mince généralisait la décomposition d'un fermé aléatoire en noyau parfait et son complémentaire; le théorème suivant généralise T11.

T28 *Théorème.— Soit H une partie mesurable de $\mathbb{R}_+ \times \Omega$, et soit (H_α) une famille quelconque de parties mesurables disjointes de $\mathbb{R}_+ \times \Omega$ contenues dans H. Si L désigne la partie épaisse de H, l'ensemble des indices α tels que $(H_\alpha - L)$ ne soit pas évanescent est dénombrable.*

Démonstration.— La démonstration est identique à celle de T11. D'après le théorème précédent. la partie mince de H est la réunion des graphes d'une suite (Z_n) de v.a. $\geqq 0$. Définissons une mesure bornée μ sur $\mathbb{R}^+ \times \Omega$ en posant, pour tout processus mesurable positif $X = (X_t)$,

$$\mu(X) = \sum_n 2^{-n} \cdot E[X_{Z_n} \cdot I_{\{Z_n < +\infty\}}].$$

Un ensemble mesurable contenu dans la partie mince de H est μ-négligeable si et seulement s'il est évanescent. D'autre part, comme μ est bornée, l'ensemble $\{\alpha : \mu(H_\alpha - L) > 0\}$ est dénombrable. Par conséquent, l'ensemble des α tels que $(H_\alpha - L)$ ne soit pas évanescent est dénombrable. ▯

Applications à la théorie de la mesure

Il est intuitif qu'on ne peut placer dans un ensemble $\mathscr{F}$-mesurable de Ω une famille non-dénombrable d'ensembles $\mathscr{F}$-mesurables non négligeables sans qu'un bon nombre de points de cet ensemble soient recouverts une infinité non-dénombrable de fois. Les propositions suivantes sont des variations sur ce thème.

La projection essentielle d'une partie de $\mathbb{R}_+ \times \Omega$ étant égale à la projection de sa partie épaisse, on peut donner la formulation suivante de T28.

T29 *Théorème.— Soit H une partie mesurable de $\mathbb{R}_+ \times \Omega$, et soit (H_α) une famille quelconque de parties mesurables disjointes de $\mathbb{R}_+ \times \Omega$ contenues dans H. L'ensemble des indices α tels que $(\pi(H_\alpha) - \varrho(H))$ ne soit pas négligeable est dénombrable.*

Sous les mêmes hypothèses, on a le corollaire

T30 *Théorème.— Si pour $\varepsilon > 0$ l'ensemble $\{\alpha : P[\pi(H_\alpha)] > \varepsilon\}$ est non-dénombrable, la projection essentielle de H a une probabilité $> \varepsilon$.*

Démonstration.— En effet, d'après le théorème précédent, il existe alors au moins un indice α tel que $P[\pi(H_\alpha)] > \varepsilon$ et que $(\pi(H_\alpha) - \varrho(H))$ soit négligeable. ⬛

31 Nous allons énoncer un second corollaire, analogue au lemme de Fatou. Soient Γ un ensemble et f une application de Γ dans $\mathbb{R}_+$. Nous appellerons *lim sup forte* de f la borne supérieure des $x \in \mathbb{R}_+$ tels que l'ensemble $\{\gamma \in \Gamma : f(\gamma) > x\}$ soit non-dénombrable (si cet ensemble est dénombrable pour tout x, la lim sup forte est nulle). On définit de même la lim sup forte d'une famille d'applications ou d'ensembles indexés par Γ.

T32 *Théorème.— Soit (A_γ) une famille d'éléments de la tribu $\mathscr{F}$ indexée par un borélien Γ de $\mathbb{R}_+$. On suppose que cette famille est mesurable (i.e. que l'application $(\gamma, \omega) \to I_{A_\gamma}(\omega)$ de $\Gamma \times \Omega$ dans $[0, 1]$ est mesurable).*

L'ensemble lim sup forte A_γ *appartient à $\mathscr{F}$, et l'on a*

$$P\{\text{lim sup forte } A_\gamma\} \geqq \text{lim sup forte } P(A_\gamma).$$

Démonstration.— Soit $H = \{(\gamma, \omega) : \omega \in A_\gamma\}$: H est une partie mesurable de $\mathbb{R}_+ \times \Omega$ par hypothèse. Comme lim sup forte A_γ est égale à la projection essentielle de H, il suffit d'appliquer le corollaire précédent à la famille des $H_\gamma = \{\gamma\} \times A_\gamma$. ⬛

Ensembles minces bien-mesurables

Le théorème suivant précise T27 et complète IV-T17.

T33 *Théorème.— Soit H une partie bien-mesurable de $\mathbb{R}_+ \times \Omega$ dont les coupes dans $\mathbb{R}_+$ sont toutes dénombrables. L'ensemble H est la réunion d'une suites de graphes de temps d'arrêt disjoints. Ces temps d'arrêt sont* *accessibles si H est accessible et peuvent être choisis prévisibles si H est prévisible.*

Démonstration.— D'après IV-T17, il suffit de montrer que H est indistinguable d'un ensemble bien-mesurable contenu dans une réunion dénombrable de graphes de temps d'arrêt. Désignons par I l'ensemble des ordinaux dénombrables, et supposons que H ne soit pas indistinguable d'une réunion dénombrables de graphes de t.d'a.: nous allons construire par récurrence transfinie une suite transfinie de t.d'a. (T_i) tels que les graphes des T_i soient disjoints, inclus dans H et non évanescents. Comme I n'est pas dénombrable, il résultera de T28 que la projection essentielle de H n'est pas négligeable: on aura ainsi démontré le théorème par l'absurde. Posons $H_0 = H$; H_0 n'étant pas évanescent, il existe d'après le théorème de section (cf IV-T10) un t.d'a. non p.s. infini T_0 dont le graphe est inclus dans H_0. Soit $i \in I$ et supposons définis H_j et T_j pour tout $j < i$: nous poserons $H_i = H - \bigcup_{j<i} [\![T_j]\!]$ et, H_i n'étant pas évanescent par hypothèse, nous désignerons par T_i un t.d'a. non p.s. infini dont le graphe est contenu dans H_i. Il est clair que l'on obtient ainsi une suite transfinie de t.d'a. (T_i) vérifiant les conditions énoncées ci-dessus. $\square$

5. Support d'un processus croissant

34 Soit $A = (A_t)$ un processus croissant. Nous dirons qu'une partie mesurable H de $\mathbb{R}_+ \times \Omega$ *porte* A si H porte la mesure engendrée par A, soit si

$$E[(I_{H^c} * A)_\infty] = 0.$$

Un point (t, ω) de $\mathbb{R}_+ \times \Omega$ est un *point de croissance* de A, si, pour tout $\varepsilon > 0$, on a $A_{t+\varepsilon}(\omega) - A_t(\omega) > 0$ ou $A_t(\omega) - A_{t-\varepsilon}(\omega) > 0$. L'ensemble F des points de croissance de A sera appelé le *support du processus croissant* A: pour tout ω, la coupe $F(\omega)$ est le support de la mesure associée à la fonction de répartition $A(.,\omega)$. Le support F est un fermé aléatoire; il est parfait si le processus croissant A est continu. Nous allons voir que le support est mesurable: ce sera donc le plus petit fermé aléatoire mesurable portant A (aux ensembles évanescents près).

T35 *Théorème.— Soit $A = (A_t)$ un processus croissant adapté. Son support est un fermé aléatoire bien-mesurable.*

Démonstration.— Pour tout rationnel positif r, soit T_r le début de l'ensemble bien-mesurable

$$\{A - A_r \cdot I_{[\![r, +\infty[\![} > 0\} = \{(t, \omega): A_t(\omega) - A_r(\omega) > 0\}.$$

Le support de A est égal à l'adhérence de $\bigcup_r [\![T_r]\!]$: il est donc bien-mesurable d'après T4. $\square$

Cependant, le support d'un processus croissant prévisible et continu peut ne pas être prévisible (cf T38).

Nous allons nous intéresser maintenant à la réciproque de ce théorème : étant donnée une partie mesurable de $\mathbb{R}_+ \times \Omega$, trouver un processus croissant (non évanescent) porté par cet ensemble et vérifiant certaines conditions de support. Nous ne nous intéresserons uniquement qu'aux processus croissants continus, car les problèmes concernant les processus croissants purement discontinus se ramènent facilement à une application des théorèmes de section.

Processus croissant continu admettant un support donné

Nous allons montrer que tout parfait aléatoire mesurable est le support d'un processus croissant continu. Pour cela, nous utiliserons le lemme suivant :

T36 *Théorème.—* *Soit F un fermé aléatoire mesurable contenant $[1, +\infty[\times \Omega$, et, pour chaque $\omega \in \Omega$, désignons par $]S(\omega), T(\omega)[$ le plus grand intervalle contigu à $F(\omega)$, le plus à gauche.[2] Les fonctions S et T ainsi définies sont des variables aléatoires.*

Démonstration.— Pour tout $t > 0$, soit $]\!]S_t, T_t[\![$ le premier intervalle contigu à F dont la longueur dépasse strictement t (cf le no 1) : il résulte de T2 (appliqué à la famille $(\mathscr{F}_t)$ constante égale à $\mathscr{F}$) que S_t et T_t sont des v.a. Les processus (S_t) et (T_t) ainsi définis pour $t > 0$ ont leurs trajectoires croissantes et continues à droite : on les prolonge pour $t = 0$ par continuité. Soit U le début de l'ensemble $\{(t, \omega) : S_t(\omega) = +\infty\}$: cet ensemble étant mesurable U est une v.a. Le théorème résulte alors des égalités $S = S_{U-}$ et $T = T_{U-}$. $\quad\square$

T37 *Théorème.—* *Tout parfait aléatoire mesurable est le support d'un processus croissant continu et borné.*

Démonstration.— Par un homéomorphisme de $\overline{\mathbb{R}}_+$ sur $\left[\frac{1}{2}, 1\right]$, on se ramène aussitôt au cas où le parfait aléatoire mesurable F est contenu dans $\left[\frac{1}{2}, 1\right] \times \Omega$. Posons

$$F_1 = \overline{\overset{\circ}{F}}, \quad F_2 = \overline{F - F_1}.$$

Il résulte de T2 que F_1 et F_2 sont encore mesurables ; F_1 est un parfait aléatoire mesurable égal à l'adhérence de son intérieur tandis que F_2 est un parfait aléatoire mesurable d'intérieur vide. Comme F est égal à la

---

[2] Plus explicitement, comme l'intervalle $[0, 1]$ est compact, il existe des intervalles contigus de longueur maximale, et il n'y en a qu'un nombre fini. Si ce nombre est nul, $S(\omega) = T(\omega) = +\infty$; s'il n'est pas nul, $]S(\omega), T(\omega)[$ est le premier de ces intervalles

réunion de F_1 et F_2, un processus croissant égal à la somme de deux processus croissants admettant respectivement F_1 et F_2 pour supports admet F pour support.

On peut donc considérer séparément le cas où F est égal à l'adhérence de son intérieur et le cas où F est d'intérieur vide.

a) *F est l'adhérence de son intérieur*

Pour chaque ω, $F(\omega)$ est l'adhérence d'une réunion dénombrable d'intervalles ouverts. Par conséquent, F est le support du processus croissant continu et borné $A = (A_t)$ défini par

$$A_t(\omega) = \int_0^t I_F(s, \omega)\, ds.$$

b) *F est d'intérieur vide*

Soit D l'ensemble des nombres dyadiques de $[0, 1]$ écrits en numération binaire. Nous dirons que $d \in D$ est de rang $\leq k$ si d est de la forme

$$d = \sum_0^k 2^{-n} a_n \quad (\text{où } a_n = 0 \text{ ou } 1).$$

Pour $\omega \in \Omega$ fixé tel que $F(\omega)$ ne soit pas vide, nous allons définir une application bijective Φ_ω de D sur l'ensemble des intervalles contigus à $F(\omega)$ satisfaisant à la condition suivante: si on a $d_1 < d_2$, l'intervalle $\Phi_\omega(d_1)$ a son extrémité droite strictement inférieure à l'extrémité gauche de $\Phi_\omega(d_2)$, propriété que nous écrirons $\Phi_\omega(d_1) < \Phi_\omega(d_2)$.

Nous commencerons par poser

$\Phi_\omega(0) = [0, \inf F(\omega)[$,

$\Phi_\omega(1) =]\sup F(\omega), +\infty[$,

$\Phi_\omega(0, 1) = $ l'intervalle contigu le plus grand et le plus à gauche compris entre $\Phi_\omega(0)$ et $\Phi_\omega(1)$ (cet intervalle existe car $F(\omega)$ est un parfait non vide d'intérieur vide).

Il est clair que l'on a $\Phi_\omega(0) < \Phi_\omega(0, 1) < \Phi_\omega(1)$. Nous poursuivrons la construction par récurrence de la manière suivante: supposons construits les $\Phi_\omega(.)$ pour tous les nombres dyadiques de rang $\leq k$, et soit $d \in D$ de rang $k + 1$. Désignons par d_1 (resp d_2) l'approximation par défaut (resp par excès) de rang k de d. L'intervalle $\Phi_\omega(d)$ sera alors l'intervalle contigu le plus grand et le plus à gauche compris entre $\Phi_\omega(d_1)$ et $\Phi_\omega(d_2)$ (cet intervalle existe car $F(\omega)$ est un parfait non vide d'intérieur vide). Il est clair que l'on a $\Phi_\omega(d_1) < \Phi_\omega(d) < \Phi_\omega(d_2)$, et on vérifie immédiatement que l'application Φ_ω ainsi définie satisfait aux conditions énoncées ci-dessus. Pour tout $(t, \omega) \in \mathbb{R}_+ \times \Omega$, posons

$A_t(\omega) = 0$ si $F(\omega) = \emptyset$,

$A_t(\omega) = \sup \{d \in D \colon \sup \Phi_\omega(d) \leq t\}$ si $F(\omega) \neq \emptyset$.

Pour ω fixé, la fonction $A(., \omega)$ est croissante, comprise entre 0 et 1, nulle pour $t = 0$, et constante sur chaque intervalle contigu de $F(\omega)$.

Tout $t \in F(\omega)$ est la limite d'une suite (non constante) d'extrémités droites d'intervalles contigus: $F(\omega)$ est donc le support de la mesure associée à la fonction de répartition $A(.,\omega)$. Enfin l'application $d \to \sup \Phi_\omega(d)$ est strictement croissante: il en résulte facilement que $A(.,\omega)$ est une fonction continue. Pour montrer que $A = (A_t)$ est un processus croissant continu admettant F pour support, il ne reste plus qu'à montrer que, pour t fixé, A_t est une variable aléatoire. Désignons par $S_d(\omega)$ (resp $T_d(\omega)$) l'extrémité gauche (resp droite) de $\Phi_\omega(d)$ et soit $S_d(\omega) = T_d(\omega) = +\infty$ si $F(\omega)$ est vide; pour tout $d \in D$, on a l'égalité

$$\{\omega: A_t(\omega) > d\} = \{\omega: T_d(\omega) < t\}.$$

Nous allons montrer que S_d et T_d sont mesurables pour tout d, ce qui achèvera la démonstration du théorème. Il est clair que S_0, T_0, S_1 et T_1 sont des v.a.: T_0 est égal au début de F, et S_1 à l'extrémité gauche de l'intervalle contigu à F dont la longueur est > 1. Soit D_k l'ensemble des nombres dyadiques de rang $\leq k$ et supposons démontré que S_d et T_d sont des v.a. pour tout $d \in D_k$. Si d'est de rang $k+1$, $S_{d'}$ (resp $T_{d'}$) est égal à l'extrémité gauche (resp droite) de l'intervalle contigu le plus grand et le plus à gauche du fermé aléatoire mesurable $F \cup \left(\bigcup_{d \in D_k} [\![S_d, T_d]\!] \right)$: $S_{d'}$ et $T_{d'}$ sont donc des v.a. d'après T36. ☐

T38 *Théorème.— Tout parfait aléatoire bien-mesurable est le support d'un processus croissant* prévisible *continu et borné.*

Démonstration.— Soit $B = (B_t)$ un processus croissant continu et borné admettant le parfait aléatoire bien-mesurable F pour support. La projection duale $B^1 = (B_t^1)$ de B sur la tribu des ensembles bien-mesurables est l'unique (à l'indistinguabilité près) processus croissant adapté tel que l'on ait

$$E[(X * B)_\infty] = E[(X * B^1)_\infty]$$

pour tout processus bien-mesurable positif X. Prenons pour processus X l'indicatrice du complémentaire du support de B^1 (qui est bien-mesurable d'après T35), puis celle du complémentaire du support F de B: il résulte de l'égalité précédente que B est porté par le support de B^1 et que B^1 est porté par le support de B. Par conséquent ces deux supports sont indistinguables. Comme $\mathscr{F}_0$ contient les ensembles négligeables et que tout parfait de $\mathbb{R}_+$ est le support d'une mesure diffuse (cas particulier de T37 où Ω est réduit à un point), on peut supposer que B^1 admet F pour support. Enfin, B^1 est intégrable puisque B est borné, et est adapté et continu, donc prévisible (cf V-T34). Le processus croissant $A = e^{-B^1} * B^1$ est alors un processus croisssant prévisible, continu et borné, admettant F pour support. ☐

Pour les ensembles bien-mesurables quelconques, on a le théorème d'existence suivant

T39 *Théorème.— Soit H un ensemble bien-mesurable. Il existe un processus croissant $A = (A_t)$ prévisible, continu et borné, satisfaisant aux conditions suivantes*
    a) *Le processus croissant A est porté par l'ensemble H,*
    b) *Le support de A est égal à l'adhérence de la partie épaisse de H.*

Démonstration.— Nous nous bornerons à établir ce théorème dans le cas où la famille $(\mathcal{F}_t)$ est constante et égale à $\mathcal{F}$: le cas général s'en déduit par un argument de projection comme dans la démonstration du théorème précédent. D'après T25 et T37, tout ensemble mesurable dont la partie épaisse n'est pas évanescente porte un processus croissant continu et borné non évanescent. Soit I l'ensemble des ordinaux dénombrables : d'après ce qui précède, on peut construire par récurrence transfinie une suite transfinie $(A^i)_{i\in I}$ de processus croissants continus et bornés par 1 tels que le support F_i de A^i soit contenu dans l'ensemble $H - \left(\bigcup_{j<i} S_j\right)$ et ne soit pas évanescent si la partie épaisse de cet ensemble n'est pas évanescente. Pour tout $i \in I$, soit F_i l'adhérence de $\bigcup_{j<i} S_j$: la famille (F_i) est une suite transfinie croissante de parfaits aléatoires mesurables. Pour tout $i \in I$ et tout rationnel positif r, désignons par T_r^i le début de $F_i \cap [\![r, +\infty[\![$. Pour r fixé, T_r^i décroit lorsque i croît : il existe donc un ordinal dénombrable k tel que l'on ait $T_r^i = T_r^k$ p.s. pour tout $i \geq k$ et tout rationnel r (cf la démonstration de T7). Comme F_i est égal à l'adhérence de $\bigcup_r [\![T_r^i]\!]$, F_i est indistinguable de F_k pour tout $i \geq k$. Donc S_{k+1} est évanescent, et la partie épaisse de $H - \left(\bigcup_{j\leq k} S_j\right)$ est évanescente. Soit alors (i_n) une énumération des ordinaux $\leq k$ et posons

$$A = \sum 2^{-i_n} \cdot A^{i_n}.$$

Il est clair que A est un processus croissant continu et borné, porté par H, et dont le support est indistinguable de la partie épaisse de H. En particulier tout borélien de $\mathbb{R}_+$ porte une mesure diffuse dont le support est égal à l'adhérence de ses points de condensation (prendre Ω réduit à un point). Comme $\mathcal{F}_0$ contient les ensembles négligeables, on peut supposer que le support de A est égal à la partie épaisse de H. $\quad\square$

On a comme corollaire une caractérisation des ensembles minces bien-mesurables

T40 *Théorème.— Un ensemble bien-mesurable est indistinguable d'un ensemble mince si et seulement s'il est de mesure nulle pour toute mesure engendrée par un processus croissant prévisible, continu et borné.*

Commentaires de la Section B

1) *Chapitres III, IV et V.* — Nous ne nous étendrons pas sur l'origine des concepts de base: ils ont essentiellement leur source dans les travaux de Doob en théorie des martingales. Une étude systématique des temps d'arrêt et des tribus qu'on peut leur associer a été faite par Chung et Doob [7]. Cependant l'intérêt des tribus du type «F_{T-}» n'est apparu que lorsque Meyer [32] dégagea leurs rapports avec les processus prévisibles. Ces tribus ont trouvé aussi maintenant droit de cité en théorie des processus de Markov (conditionnement par rapport au passé strict de M. Weil [42]; retournement du temps et propriété de Markov modérée de Chung et Walsh [8]).

On trouvera dans Courrège et Priouret [10] une étude très fine des propriétés des temps d'arrêt. Ces résultats, qui n'ont pas été exposés ici, jouent un rôle capital dans les problèmes de recollement de processus.

L'ossature de la théorie générale des processus (classification des temps d'arrêt, définitions des tribus $\mathcal{T}_i$, théorèmes de section et de projection) est due à Meyer [31] et [32]. La majeure partie des chapitres III, IV et V constitue une rédaction détaillée du «Guide gris» [32]. La présentation et les démonstrations sont cependant souvent différentes. Nous avons en particulier exploité systématiquement la notion de tribu «F_{T-}», et les deux définitions équivalentes des temps d'arrêt accessibles.

Nous ne prendrons pas la peine de recenser les résultats qui paraissent ici pour la première fois. Nous nous efforcerons cependant, en passant en revue les grands thèmes, de «rendre à César ce qui appartient à César».

La classification des temps d'arrêt trouve son origine dans l'étude des discontinuités des martingales et des processus de Markov. La notion de temps d'arrêt prévisible — la plus simple et, sans doute, la plus utile — a été la dernière à être dégagée par Meyer. La définition des temps d'arrêt accessibles que nous avons adoptée provient de Meyer [34]. L'exemple traité à la fin du chapitre III (et du chapitre V) provient de Dellacherie [20].

Les démonstrations initiales des théorèmes de section de Meyer [31] et [32] étaient très compliquées; elles ont été ensuite simplifiées par Cornea et Licea [9]. La démonstration unifiée que nous avons donnée ici provient de Dellacherie [19].

Les théorèmes de section sont devenus très vite des outils puissants en théorie des processus de Markov. Les théorèmes de projection y ont récemment fait leur entrée dans un article d'Azéma (à paraître dans le volume VI du Séminaire de Probabilités de Strasbourg).

Le théorème IV-T24 (resp IV-T28) sur la continuité à gauche (resp à droite) des processus prévisibles (resp bien-mesurables) et le corollaire V-T20 sur la continuité des projections proviennent de Meyer [35]. Mais ils ont été établis indépendamment, sous des formes voisines, par Mertens [30] et M. Rao [37]. La découverte de l'identité entre processus croissants «naturels» (terminologie de Meyer [31]) et processus croissants prévisibles est due à Doléans [25]. Les notions de projection duale de processus croissant sont dégagées ici pour la première fois. Cependant, la notion de projection duale prévisible provient de Doléans [26].

Nous n'avons pas cherché à présenter d'une manière systématique les théorèmes de décomposition des surmartingales: on sait maintenant que toute surmartingale se décompose d'une manière unique en la somme d'une martingale «locale» et d'un processus croissant prévisible. On connait maintenant trois démonstrations du théorème sous sa forme classique (décomposition des surmartingales de la classe (D)). La première, à l'aide des laplaciens approchés, est due à Meyer [31]. La plus récente, due à M. Rao [36], se fait par passage du «discret au continu»: c'est sans doute la démonstration la plus élémentaire. Nous avons choisi d'exposer celle de Doléans [26] pour ses liens avec la théorie générale des processus.

2) *Chapitre VI.—* Le théorème VI-T2 et l'exemple d'ensemble progressif non bien-mesurable proviennent de Meyer [32]. Le reste provient en grande partie de Dellacherie [17] ou [18], mais les démonstrations sont en général nouvelles. Dans un cadre topologique, les théorèmes VI-T20 et VI-T27 ont des versions beaucoup plus précises, dues respectivement à Mazurkiewicz-Sierpinski et à Lusin (nous avions utilisé ces deux théorèmes dans [17]; on pourra en trouver les démonstrations dans [22]). L'idée de la démonstration de VI-T37 a une longue histoire (cf Saks [38]). La forme donnée ici est voisine de celle de L. C. Young [43], mais nous avons essayé d'établir avec plus de soin la mesurabilité du processus croissant obtenu.

Nous avons utilisé le théorème VI-T37 en théorie des processus de Markov pour démontrer le résultat suivant (cf [16]): si (P_t) est un semi-groupe fortement markovien vérifiant l'hypothèse de continuité absolue, tout ensemble finement parfait est le support fin d'une mesure ne chargeant pas les ensembles semi-polaires, et celui d'une fonctionnelle additive continue sous des hypothèses convenables de dualité. Récemment Azéma a montré (cf l'article précité) que VI-T38 permettait de montrer que tout ensemble finement parfait pour un semi-groupe de Hunt vérifiant l'hypothèse de continuité absolue est le support fin d'une fonctionnelle additive continue (sans aucune hypothèse de dualité).

Bibliographie

1. Blumenthal, R. M., Getoor, R. K.: Markov processes and potential theory, New York: Academic Press 1968.
2. Bourbaki, N.: Éléments de Mathématiques, livre III, Topologie générale, 3e édition, chapitre 9, Paris: Hermann sous presse.
3. Carleson, L.: Selected problems on exceptional sets, Princeton: van Nostrand 1967.
4. Choquet, G.: Theory of capacities. Ann. Inst. Fourier, Grenoble, 5, 131—295 (1955).
5. — Sur les fondements de la théorie fine du potentiel. Séminaire de théorie du potentiel, dirigé par M. Brelot, G. Choquet et J. Deny, Institut H. Poincaré, Paris, 1e année, 10 pages, 1957.
6. — Forme abstraite du théorème de capacitabilité. Ann. Inst. Fourier, Grenoble, 9, 83—89 (1959).
7. Chung, K. L., Doob, J. L.: Fields, optionality and measurability. Amer. J. of Math. 87, 397—424 (1965).
8. Chung, K. L., Walsh, J. B.: To reverse a Markov process. Acta Math. 123, 225—251 (1970).
9. Cornea, A., Licea, G.: Une démonstration unifiée des théorèmes de section de P. A. Meyer. Z. Wahrscheinlichkeitstheorie, 10, 198—202 (1968).
10. Courrège, P., Priouret, P.: Temps d'arrêt d'une fonction aléatoire. Publ. Inst. Stat. Univ. Paris 14, 245—274 (1965).
11. Davies, R. O.: Subsets of finite measure in analytic sets. Indag. Math. 14, 488—489 (1952).
12. — Non σ-finite closed subsets of analytic sets. Proc. Phil. Soc. Cambridge 52, 174—177 (1956).
13. — A theorem on the existence of non σ-finite subsets. Mathematika 15, 60—62 (1968).
14. — Measures of Hausdorff type. J. London Math. Soc. 1, 30—34 (1969).
15. Davies, R. O., Rogers, C. A.: The problem of subsets of finite positive measure. Bull. London Math. Soc. 1, 47—54 (1969).
16. Dellacherie, C.: Ensembles épais; applications aux processus de Markov. C. R. Acad. Sc. Paris 266, 1258—1261 (1968).
17. — Ensembles aléatoires I (Séminaire de probabilitiés III, Lecture Notes in Mathematics, Vol. 88), Berlin/Heidelberg/New York: Springer 1969, p.97—114.
18. — Ensembles aléatoires II, ibid., p.115—136.
19. — Un théorème général de section. C. R. Acad. Sc. Paris 268, 814—816 (1969).
20. — Un exemple de la théorie générale des processus (Séminaire de probabilités IV, Lecture Notes in Mathematics, Vol. 124), Berlin/Heidelberg/New York: Springer 1970, p.60—72.

21. Dellacherie, C., Ensembles minces associés à une capacité (Séminaire de théorie du potentiel, dirigé par M. Brelot, G. Choquet et J. Deny, Institut H. Poincaré, Paris, 13e année, 19 pages, 1969/70).

22. — Les théorèmes de Mazurkiewicz-Sierpinski et de Lusin (Séminaire de probabilités V, Lecture Notes in Mathematics, Vol. 191), Berlin/Heidelberg/New York: Springer 1971, p.87—102.

23. — Ensembles pavés et rabotages, ibid., p.103—126.

24. Dellacherie, C., Doléans, C.: Un contre-exemple au problème des laplaciens approchés, ibid., p.127—137.

25. Doléans, C.: Processus croissants naturels et processus croissants très bien mesurables. C. R. Acad. Sc. Paris 264, 874—876 (1967).

26. — Existence du processus croissant naturel associé à un potentiel de la classe (D). Z. Wahrscheinlichkeitstheorie 9, 309—314 (1967).

27. Federer, H.: Geometric measure theory (Grundlehren der mathemat. Wissenschaften, Vol. 153), Berlin/Heidelberg/New York: Springer 1969.

28. Halmos, P. R.: Measure theory, New York: van Nostrand 1950.

29. Kuratowski, C.: Topologie, Vol. 2, 3e édition, Warszawa: Panstwowe Wydawnictwo Naukowe 1961.

30. Mertens, J. F.: Sur la théorie des processus stochastiques. C. R. Acad. Sc. Paris 268, 495—496 (1969).

31. Meyer, P. A.: Probabilités et potentiel, Paris: Hermann 1966.

32. — Guide détaillé de la théorie «générale» des processus (Séminaire de probabilités II, Lecture Notes in Mathematics, Vol. 51), Berlin/Heidelberg/New York: Springer 1968, p. 140—165.

33. — Un lemme de théorie des martingales (Séminaire de probabilités III, Lecture Notes in Mathematics, Vol. 88), Berlin/Heidelberg/New York: Springer 1969, p. 143.

34. — Un résultat élémentaire sur les temps d'arrêt, ibid., p. 152—154.

35. — Le retournement du temps d'après Chung et Walsh. Appendice. (Séminaire de probabilités V, Lecture Notes in Mathematics, Vol. 191), Berlin/Heidelberg/New York: Springer 1971, p. 232—236.

36. Rao, M.: On decomposition theorems of Meyer. Math. Scand. 24, 66—78 (1969).

37. — On modification theorems, Preprint series, Aarhus University, 1970.

38. Saks, S.: Theory of the integral, 2e édition, Monographie Matematyczne no 7, Warszawa 1937.

39. Sierpinski, W.: Sur la puissance des ensembles mesurables (B). Fund. Math. 5, 166—171 (1924).

40. Sion, M.: On capacitability and measurability. Ann. Inst. Fourier, Grenoble 13, 88—99 (1963).

41. Sion, M., Sjerve, D.: Approximation properties of measures generated by continuous set functions. Mathematika 9, 145—156 (1962).

42. Weil, M.: Conditionnement par rapport au passé strict (Séminaire de probabilités V, Lecture Notes in Mathematics, Vol. 191), Berlin/Heidelberg/New York: Springer 1971, p. 362—372.

43. Young, L. C.: Note on the theory of measure. Proc. Phil. Soc. Cambridge 26, 88—93 (1930).

Abréviations et notations

resp: respectivement
p.s.: presque-sûrement
v.a.: variable aléatoire
ess inf (resp ess sup): borne inférieure (resp supérieure) d'un ensemble de classes
    d'équivalence de v.a. pour l'égalité p.s.
t.d'a.: temps d'arrêt

Nous avons recensé ci-dessous les principales notations utilisées, dans l'ordre de leur
première occurrence.

$\mathscr{E}$: pavage (I-1, p. 7)

$\mathscr{E} \otimes \mathscr{F}$: produit de deux pavages (I-1, p. 7)

$\hat{\mathscr{E}}$: mosaïque engendrée par un pavage (I-2, p. 7)

$\mathscr{E} \hat{\otimes} \mathscr{F}$: mosaïque engendrée par un pavage produit; tribu produit de deux tribus
    (I-2, p. 7 et note)

$H(x)$: coupe d'une partie d'un produit d'ensembles suivant un élément d'un facteur
    (I-T7, p. 8)

$\mathscr{C}$: capacitance (I-D13, p. 10)

$F = (f_n)$: rabotage (I-D15, p. 11)

I: capacité (I-D28, p. 15)

P^*: probabilité extérieure (I-29-2), p. 16

D_A: début d'un ensemble (I-35, p. 18)

Φ_0, Φ_1: cf «capacitance scissipare» (II-D1, p. 23)

$\mathscr{C}_A$: restriction d'une capacitance (II-D1, p. 23)

m, μ: notation des mots dyadiques (II, p. 25)

D_n, D_∞: notation d'ensembles de mots dyadiques (II, p. 25)

$\mathscr{N}$: ensembles négligeables (II-8, p. 28)

$\mathscr{H}$: horde (II-D11, p. 29)

$\Lambda_\varepsilon^h, \Lambda^h$: notation de mesures de Hausdorff (II-15-3, p. 31)

$X = (X_t)$, etc: processus (III-2, p. 45)

$\mathscr{B}(\mathbb{R}_+) \hat{\otimes} \mathscr{F}$: tribu produit (III-3, p. 45)

$(\mathscr{F}_t)$: famille de tribus (III-7, p. 46)

$\mathscr{F}_t, \mathscr{F}_\infty, \mathscr{F}_{t^+}, \mathscr{F}_{t^-}$: tribus (III-7, p. 46)

T, etc: temps d'arrêt (D12, p. 48)

$\mathscr{F}_T$: tribu des événements antérieurs à T (III-D15, p. 48)

$[\![S, T [\![$, etc: intervalle stochastique (III-17, p. 49)

$[\![T]\!]$: graphe d'un temps d'arrêt (III-17, p. 49)

X_H: valeur d'un processus à l'instant H (III-19, p. 50)

D_A: début d'un ensemble (III-D22, p. 50)

D_A^n, D_A^∞: n-début, ∞-début d'un ensemble (III-24, p. 51)

$A(\omega)$: coupe d'une partie de $\mathbb{R}_+ \times \Omega$ suivant $\omega \in \Omega$ (III-24, p. 51)

$\mathscr{F}_{T-}$: tribu des événements strictement antérieurs à T (III-40, p. 58)

T_A: restriction d'un temps d'arrêt (III-40, p. 58)

$\mathscr{S}(T)$: ensemble des suites croissantes de t.d'a. majorées par T (III-43, p. 58)

$K[(S_n)]$: ensemble associé à $(S_n) \in \mathscr{S}(T)$ (III-43, p. 58)

$\mathscr{J}_i$ $(i = 1, 2, 3)$: algèbres de Boole associées à des intervalles stochastiques (IV-1, p. 67)

$\mathscr{T}_i$ $(i = 1, 2, 3)$: tribu des ensembles bien-mesurables pour $i = 1$, accessibles pour $i = 2$, prévisibles pour $i = 3$ (IV-D2, p. 07)

$Z \cdot I_{[\![S,T[\![}$, etc: produit d'un processus par une v.a. (IV-5, p. 68)

$A = (A_t)$, etc. processus croissant (IV-D33, p. 86)

A_∞: variable terminale d'un processus croissant (IV-D33, p. 86)

A^c: partie continue d'un processus croissant (IV-T37, p. 87)

A^d: partie purement discontinue d'un processus croissant (IV-T37, p. 87)

$L^1(A)$: processus intégrables par rapport à un processus croissant (IV-39, p. 89)

$\int_a^b$: intégrale sur $]a, b]$ (IV-39, note, p. 89)

$X * A = ((X * A)_t)$: processus obtenu en intégrant un processus par rapport à un processus croissant (IV-39, p. 89)

μ_A: mesure sur $\mathbb{R}_+ \times \Omega$ engendrée par un processus croissant (IV-40, p. 90)

X_∞: variable terminale d'une surmartingale (V-T6, p. 96)

^iX $(i = 1, 2, 3)$: projections bien-mesurable, accessible, prévisible d'un processus (V-T14, p. 98)

A^i $(i = 1, 2, 3)$: projections duales bien-mesurable, accessible, prévisible d'un processus croissant (V-T28, p. 107)

A^h: laplacien approché d'ordre h (V-53, p. 120)

$\bar{H}, \overset{\circ}{H}$: adhérence, intérieur d'un ensemble aléatoire (VI-1, p. 126)

$\bar{H}^d, \bar{H}^g$: adhérence à droite, adhérence à gauche d'un ensemble aléatoire (VI-1, p. 126)

$]\![S_n^\varepsilon, T_n^\varepsilon[\![$: n-ième intervalle contigu de longueur $> \varepsilon$ (VI-1, p. 126)

I: ensemble des ordinaux dénombrables (VI-5, p. 129)

(F_i): suite transfinie des dérivés successifs d'un fermé aléatoire (VI-5, p. 129)

$\mathscr{S}(A), S(A)$: famille de v.a. et $\mathscr{C}$-début associés à une capacitance (VI-12, p. 132)

$\mathscr{C}^g, \mathscr{C}^d$: capacitance sur $\mathbb{R}_+ \times \Omega$ (VI-14, p. 132)

$\pi(A), \varrho(A)$: projection et projection essentielle (VI-19, p. 134/35)

Lexique anglais

Nous proposons ici une traduction anglaise des principaux mots n'ayant pas encore un équivalent anglais bien fixe. On trouvera aussi parfois, entre parenthèses, une variante déjà usitée.

accessible: accessible
annoncer: to foretell
arrêt (temps d'): voir «temps d'arrêt»

bien-mesurable: optional (well measurable)

début: début

englober: to embrace
épais: thick
épuiser: to exhaust
évanescent: evanescent

inaccessible (totalement): totally inaccessible
indistinguable: indistinguishable

lisse: smooth

mince: scanty («thin» a une signification précise en théorie du potentiel)
mosaïque: mosaic

pavage: paving
pénétration (temps de): penetrating time
prévisible: predictable
progressif: progressive (progressively measurable)

rabotage: scraper

scissipare (capacitance): dichotomic capacitance

temps d'arrêt: ... quelconque: optional random variable (stopping time); ...
    accessible: accessible r.v. (accessible stopping time); ... prévisible: predictable
    r.v. (predictable stopping time)

Index terminologique

Ergebnisse der Mathematik und ihrer Grenzgebiete